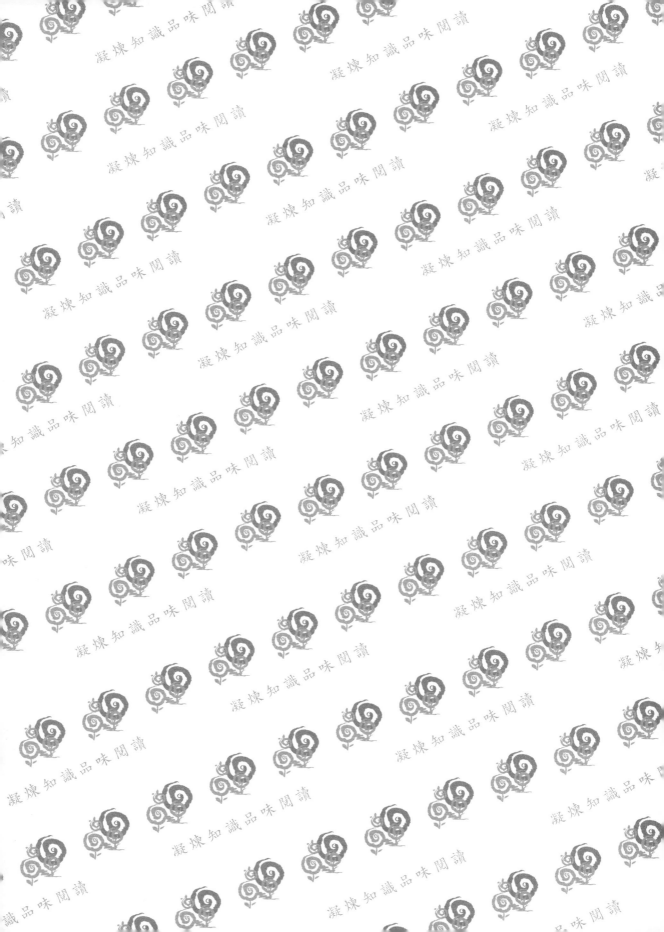

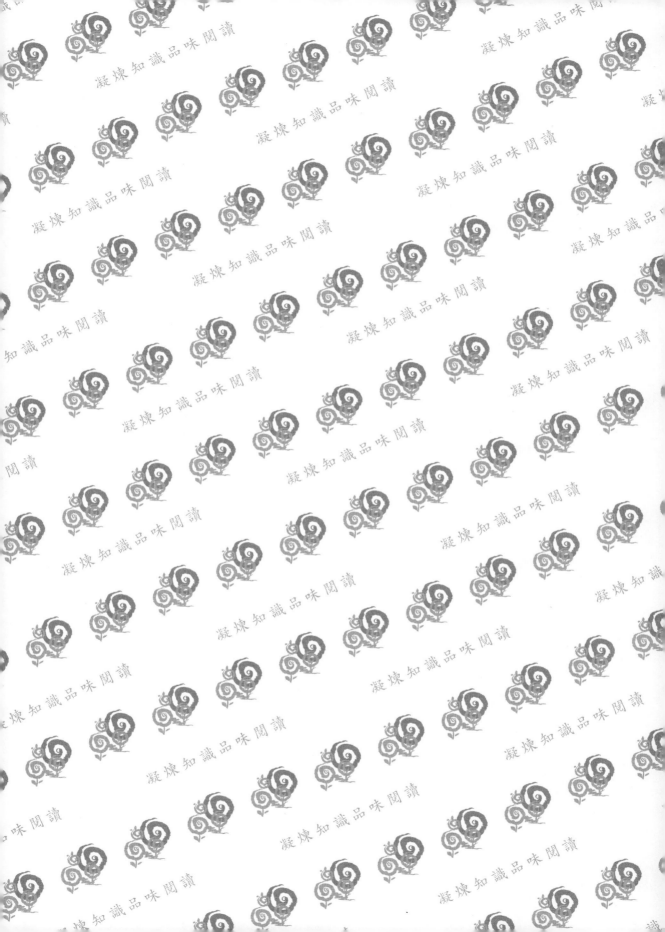

土　壤

作物與林木
生長的基礎

蔡呈奇、許正一————————————編著

五南圖書出版公司 印行

　　綠色革命（green revolution）之後，由於長期不當地使用化學肥料及化學農藥，導致鹽化、酸化與汙染等土壤問題叢生，已經嚴重影響農業生產和糧食安全，進而導致食安危機。近年在氣候變遷的作用之下，如何因應高溫與旱澇不均對土壤品質與糧食生產之負面衝擊，更是人類永續發展所面臨的嚴峻挑戰。而在地小人稠的臺灣，耕地面積原即有限的條件之下，都市持續擴張導致耕地面積逐年減少，更應該將土壤資源定位為國家安全與經濟發展之基石，予以善加保護。「第二次綠色革命」強調的是永續利用土壤資源以及確保糧食的供應與食品安全的需求。

　　《土壤：作物與林木生長的基礎》一書即在確保糧食與食品安全的需求下應運而生。本書作者蔡呈奇博士為國立宜蘭大學森林暨自然資源學系之專任教授，亦是臺灣大學農業化學系的系友；許正一博士為現任臺灣大學農業化學系專任教授。兩位作者皆為國內土壤學界之資深學者，有豐碩的學術著作，為理論與實務結合的傑出土壤學家。有鑑於土壤學的專業不易讓社會大眾明瞭，他們以深入淺出的方式來介紹土壤學，由簡單的認識土壤、描述與分類、土壤的物理性、化學性、有機物、生物、土壤水、植物營養與土壤肥力，以及管理與改良問題土壤等進行說明與闡述。全書內容淺顯易懂，相信此書的內容除了可以作為一般大眾認識土壤的科普書籍之外，對於目前從事作物及林木之生產與種植，或有志於從事作物與林木保護的相關人員，此書所提供之土壤學基礎知識將有助於快速進入土壤學之專業殿堂，進而達到植物保護的重要目的。特為文推薦。

國立臺灣大學農業化學系教授
暨　中華土壤肥料學會理事長

王尚禮

作者序

　　土壤，由崩解的岩石、新鮮與／或分解的有機物以及可溶性鹽類混合在一起所組成，是植物能夠生長在其中之地球表面疏鬆的物質。然而相較於大氣層，土壤的厚度幾乎薄到看不見，民眾也幾乎忘了土壤的存在。土壤是植物生長重要的基礎，地球的陸地面積有限，卻必須要能夠提供難以計數的植物生長所需的水分、通氣、養分、物理性支持與保溫，並為地球上的其他生物（包括 70 億人）提供糧食，在氣候加速變遷的時代中，將會顯得愈來愈不容易。

　　土壤是一個動態的相系，在五大生成因子（母質、地形、氣候、生物及時間）的影響下，物質的添加、損失、轉移與轉形（變質）等四種土壤生成作用隨時均在進行，因此土壤的組成隨時都有變化，更進一步孕育出在物理、化學與生物性上具有獨特與獨立特徵的土壤。土壤供養植物，植物依賴土壤，土壤如果不能正常發揮其功能，將連帶地影響糧食安全與食品安全。土壤的健康與植物的生長也因此息息相關，密不可分。

　　對於土壤的了解愈多，我們愈能夠知道土壤的生成相當不容易（生成 1 公分厚的土壤約需要 100～1000 年），但破壞（汙染）土壤（可能只要 1 天或更短）卻相當容易。土壤被破壞，很多情況下是不可逆的，無法再恢復成「原來的」土壤所具有的特徵與性質。土壤被破壞、「不健康」，其地上部生長的植物（作物及林木）可能吸收不到足夠的水分、養分、空氣及獲得根系立地的支持與保溫，植物不會健康，也無法供應安全的、足夠的糧食，以及充足的林木資源。

　　本書的內容提供土壤的描述、分類、物理、化學、生物、有機物、土壤水、土壤肥力與植物營養，以及問題土壤的管理與改良等章節，希望幫助目前已在從事或有志於作物生產與林木種植撫育的相關人員，從不同的角度認識土壤，並進而達到保護的重要目的。本書的編纂，也希望大眾不能再忽視土壤的存在與土壤的重要性，應該深入去認識、了解與珍惜土壤，把乾淨的、生生不息的土壤資源留存下來，永續利用我們的土壤資源。

CONTENTS · 目錄

第一章

土壤概述

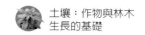
綠色植物利用太陽能及藉由光合作用，將二氧化碳與水轉化爲醣類。土壤是植物固著的場所，也是供應植物生長所必需的水、養分與氧氣的重要原料庫。因此，土壤常見的定義是「地表未固結的礦物，是陸生植物的自然介質」。農田土壤爲供育農業作物的土壤，森林土壤爲供育森林植群的土壤。

▌ 土壤是陸域生物生活與生存重要的基礎

土壤是植物所需養分的原料庫；土壤是植物根群生育的空間；土壤也是其他大小不一，種類繁多的生物（動植物與微生物）繁衍生息的場所。土壤供應的原料並不是固定的，是隨季節推移的植群生育而變換的，可從土壤生物族群的變動來進一步推測改變的幅度。土壤是爲一動態體系，土壤本身具有自變力及應變力，人類如果能了解及掌握土壤的性質與其內在的自然變化程序，則可以睿智且非破壞性地利用土壤，而不至於只是將土壤當作地表靜態、非生物的部分，而毫無顧忌地濫用。

當世界人口不斷膨脹，氣候加速變遷，糧食與能源供應的問題層出不窮，這時正是我們要正視土壤的時機。土壤可視爲能量的反應爐。諸如土壤上面植物的利用太陽能，土壤中有機物的轉化，都牽涉到地表有機質（枯枝落葉）的堆積或地下根群的榮枯，這無非都是某種形態能量的轉換；此外，土壤礦物粒子的物理與化學風化作用，也是不同形態之間能量的轉換。自然狀態的土壤，歷經季節的更替與時間

的長短，土壤內各種能量轉換程序之速率與性質也有不同，例如森林生育的盛衰關係到植群枝葉層脫落量。另外，每年土壤水與土壤溫度的季節性變動、植被的轉變，均會影響土壤生物的活性與物理及化學風化作用的過程。假如人類改變土壤及其上的作物種類或森林植群，則土壤內的許多變化過程與能量轉換的途徑亦隨之改變。假如所利用的程度及改變的幅度僅止於土地表面，則自然狀態的土壤體系能輕易地復原。相反地，若遭極度破壞或集約的人為操作利用，便會改變土壤整體。人類從事農作物與森林之培育，為的是促進作物與林木利用太陽能的效率，進而謀求與滿足人類的需求。凡是為了達到利用目的，不論是人為有意或無心的利用，土壤便會遭到改變的命運。

土壤學的緣起

土壤科學的緣起，為大約在 1870 年，由 Dokuchaiev 領導的俄羅斯學派引入了土壤的新概念。土壤被認為是獨立的自然體（natural bodies），每一種土壤都具有獨特的形態（unique morphology），這些形態是由氣候（climate）、生物（living matter）、土壤母質（earthy parent materials）、地形（relief）和地貌年齡（age of landforms）的獨特組合產生的。每一種土壤的形態，可藉由垂直剖面中不同化育層（horizon）來表現，土壤形態反映了導致其發展的特定遺傳因素（genetic factors）的綜合影響。

這是一個革命性的概念。人們不需要完全依賴從土壤底下的岩石、氣候或其他環境因子，單獨的或集體考慮的方式去做推論；相反，土壤科學家可以直接從土壤本身開始，從土壤形態中去觀察所有這些因子的綜合表現。這個概念告訴我們，綜合考慮所有土壤特徵不僅是可能的，而且也是必要的，也就是說從一個完整的、綜合的、自然體的角度考慮所有土壤特徵，而不是單獨考慮。因此，任何一種特性的影響或任何一種特性的差異都取決於組合中的其他特性。經驗表明，不能對所有土壤做出關於單一土壤特徵有用的一般陳述或概念。根據在土壤化育（soil genesis）方面的研究與經驗所得到的知識，以及土壤對管理或操作的反應，給予土壤特徵一定的權重。土壤化育研究和土壤反應研究都具有重要作用。簡而言之，新概念是「土

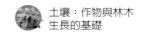

壤學」（Pedology）的開端。

土壤的定義

　　像一般常用的詞彙一樣，「土壤」有許多種不同的含義。就其傳統意義而言，「土壤是一種由固體（礦物質和有機物）、液體和氣體組成的自然體，存在於地表，占有空間，並具有以下一種或兩種特徵（Soil Survey Staff, 1999）：

1. 具有化育層（horizons）或層次（layers），由於能量和物質的添加（additions）、損失（losses）、轉移（transfers）和轉化（形）（transformations），它們與初始材料不同；或

2. 在自然環境中支持有根植物的能力。」

　　另外，聯合國糧食和農業組織（Food and Agriculture Organization of the United Nations）所發行的《世界土壤資源參考基礎》（World Reference Base for Soil Resources, WRB）（WRB, 1998）中，土壤被定義為：

　　「……一個連續的自然體，具有三個空間（spatial）和一個時間（temporal）維度。檢視土壤有三個主要的特徵是：

1. 土壤由礦物（mineral）和有機成分（organic constituents）組成，包括固相、液相和氣相。

2. 土壤組成分組織成土壤結構，成為特定的土壤基質（pedological medium）。這些結構形成了覆蓋在地表的土壤的形態，相當於生物的解剖結構。它們受到土壤過去（歷史）的影響以及現在實際動態和特性的影響。研究土壤結構有助於了解土壤的物理、化學和生物特性；也可作為了解土壤的過去和現在，並預測土壤的未來變化。

3. 土壤在不斷演化中，因此賦予了土壤第四維度，即時間。」

　　土壤的上限（upper limit）是土壤與空氣、淺水、活植物或尚未開始分解的植物材料之間的界限。如果地表永久被水覆蓋太深（通常超過 2.5 公尺），不適合有根植物的生長，則認為該區域不具有土壤。土壤的水平邊界（horizontal boundary）是土壤與深水、貧瘠地區、岩石或冰層相鄰的區域。在某些地方，土壤和非土壤

（nonsoil）之間的界線是漸變不明顯的，以至於無法明確的區分兩者。

　　將土壤與下面的非土壤分開的下邊界（lower boundary）是最難被定義的。土壤是由接近地球（殼）表面的地層（horizons）所形成的，與下面的母質相比，隨著時間的推移，氣候、地形和生物體的相互作用已經改變了這個地層。通常，土壤與其下邊界相鄰的是堅硬的岩石，或幾乎沒有動物、根或其他生物活動徵象的類似土壤的物質。然而，生物活動的最低深度很難判斷，而且通常是漸變的。基於土壤分類的目的，土壤的下界武斷地設定為 200 公分（Soil Survey Staff, 1999）。即使在生物活動或目前成土過程延伸到深度超過 200 公分的土壤中，用於土壤分類目的的土壤下限仍是 200 公分。另外，土壤以連續體的形式覆蓋著地球表面，除了裸露的岩石、永久霜凍、深水區域或冰川裸露的冰層。從這個意義上說，土壤的厚度取決於植物的生根（活性根）深度。

　　土壤具有隨季節變動的許多特性，季節變動包括冷暖交替或乾溼交替。如果土壤變得太冷或太乾，生物活動就會減慢或停止。當樹葉掉落或草類枯死時，土壤會接收大量的有機物質。土壤不是靜止的，土壤酸鹼度（pH）、可溶性鹽分、有機質含量和碳氮比、微生物數量、土壤動物群落、溫度和水分都隨著季節和時間而變化。因此我們必須從短期和長期的時間維度來看待土壤。

　　歸納而言，土壤為「地殼表層各種成土母質（parent material）在氣候（climate）、地形（topography or relief）、生物〔biology，植物與動物（vegetation and animals）〕的綜合與交互影響下，並隨著時間（time）的歷程，經由能量及物質的『添加』（additions）、『損失』（losses）、『轉移』（transfers）與『轉形』（transformations）等成土作用，生成包含『礦物質』（mineral）、『有機質』（organic matter）、『土壤水分』（soil water）與『土壤空氣』（soil air）四大組成分之三向度變化的、獨立的且變動的自然體」。

礦物質土壤與有機質土壤

　　世界上所有之土壤，若依其含有的主要組成分而加以區分，可以區分成礦物質土壤（mineral soils）與有機質土壤（organic soils）兩大類別。

1. 礦物質土壤之化育，是以土壤母質爲起點，岩石之風化爲提供礦物質土壤成土母質，因此礦物質土壤之主要組成分，乃爲礦物質或岩石之崩解與分解物。其位於腐石層之表面，爲腐石層之一部分，由腐石層經氣候、生物等成土力量（soil-building forces）行更進一步作用造成者。實際上腐石層可視爲礦物質土壤母質（parent material）之基本來源。在風化進行之初期或成土作用進行不久時，土壤僅占腐石層之極小部位，但隨作用之繼續進行，時間之不斷增加，有時腐石層可全部變爲土壤，此時土壤則直接覆蓋於鹽基（bed rock）之上。礦物質土壤的土壤有機碳含量一般在 12% 以下。

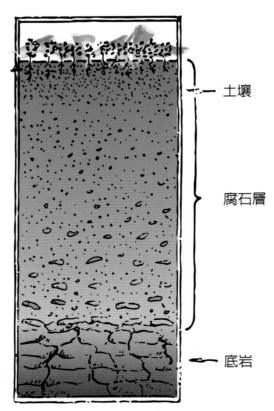

土壤

腐石層

底岩

腐石層與由其生成之土壤及底岩之剖面分布圖

礦物質土壤剖面〔位於宜蘭棲蘭山區，發育自黏板岩母質，具特徵性漂白層（albic horizon）與薄膠層（placic horizon）〕

2. 有機質土壤其主要組成分為有機質，發生常侷限於低窪且長時間潮溼的地形區，包括沼澤或經年浸水之地區。依有機物的分解程度，可再分為腐泥土（muck soils）與泥炭土（peat soils）。有機質土壤的分布面積甚小於礦物質土壤，因此在農林業上之重要性亦屬次要。

有機質土壤剖面（位於鴛鴦湖旁）

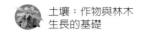
土壤的功能

土壤之詮釋，因人而異。對於土木工程師與營造商而言，土壤乃是用來奠基道路或安置建築物地基的物料；在住宅與衛生工程師眼中，土壤是住宅與都市廢物的容器；水文專家視土壤為生長植群的水分穿透層；就生態學家而言，土壤是生態系或生態系內的一個環節，容納了無數生物並進行各種單獨的化學程序；森林家不僅視土壤為林木生長的介質，因為森林具有遊樂、美化、野生動物棲息及集水區保護等多目標用途，故生長森林的土壤，亦必具備多種用途。

「土壤是植物生長的天然介質，無論其是否具有可識別的土壤層」（Soil is the natural medium for the growth of land plants, whether or not it has discernible soil horizons.）（Soil Survey Staff, 1999）。這個含義是對「土壤」這個詞彙普遍的理解，而人們對於土壤最大的興趣與關注的眼光，也是在這個含義上。一般而言，人們認為土壤很重要，因為土壤能支持植物的生長而提供食物、纖維、藥物與其他人類的需求，且土壤能過濾水和回收廢棄物。

土壤最大的功能，是根據它的物理性、化學性與生物性，讓不同的植物立足，使根在土壤中伸展而供給植物生長所需要的養分、水分及氧氣。土壤的物理性質，如通氣性、排水狀況、質地粗細等，是決定土壤供應水分與養分能力的因素。土壤化學性質，如酸鹼度（pH 值）、肥力、有機物含量等，是決定土壤供給植物養分多寡的因素，所以土壤的物理與化學性質，會支配植物的根伸入土壤的深度，以及土壤保持水分與供應養分之有效深度。土壤中所含有的眾多種類微生物，會將土壤中的有機物質分解轉化為無機態的養分供植物吸收。綜合土壤在整個生態系的功能，主要有五大項：

1. 植物生長的重要介質

植物的根必須生長在土壤中，透過土壤對植株的機械支撐力量與根吸收養分而使植物能維持生命，因此在生態系中不同的土壤性質就會產生不同的植被狀況，也會間接影響動物群落形態。土壤具有農業生產的重要功能，幾乎所有的農作物都是生長在土壤中，才能有所收穫。植物的根從土壤中吸收養分，不足的部分由施肥來

獲得補充，除了少部分液態肥料經由葉面進入植物以外，大部分的肥料必須施入土壤，經由根的吸收而獲得養分。因此，要提高農作物的質與量，維持健康的土壤似乎是唯一的手段。

▌ 土壤供養植物（作物與森林），提供人類生存所需的糧食與生活所需的各項物品

2. 涵養水資源並淨化水質

土壤在化育過程（genetic processes）中會形成許多孔隙，這些孔隙的形成原因包括土壤構造生成的空隙、植物根腐爛後遺留下的根孔、動物的洞穴或活動通道等。孔隙形成土壤大大小小綿密的水分貯存空間與流動路徑，當雨水降落地面時，便能進入土壤而達到涵養水源的目的。而水分通過土壤時，由於土壤黏粒為帶電荷膠體，可藉由吸附（adsorption）、脫附（desorption）及離子交換（ion exchange）等作用去除水中的雜質，以改善水質。雨水經過土壤的過濾，然後再進入地下水體中，而地下水也因為有了土壤的保護，才能為大自然保留重要的水資源。

▌土壤可以涵養水源與淨化水質

3. 工程施工的重要基礎

　　陸地上的建築物包括房屋、道路和機場等，都必須有穩定紮實的土壤作為基地，例如某些土壤因含有大量膨脹性黏土礦物，很容易因水含量差異而膨脹收縮，導致破壞道路或建築物結構。又如砂粒與水分含量都很高的土壤，受到壓力或振動時容易產生液化現象，進而造成地質災害。又例如近年來地球暖化情形加重，氣溫升高，造成北半球高緯度地區永凍土（Gelisols，終年結冰的土壤）因氣溫升高而融化情形加劇，造成道路、房屋等陷落與嚴重損毀的現象。

4. 生物的棲息地

　　陸域面積只占地球表面不到 30% 的面積，再扣除冰原、沙漠等惡劣環境，可供地球上生物生存的陸域面積將更少，而土壤更只是地表上薄薄的一層，但在田野間任意抓起來的一把土壤，其中所含的微生物數量卻可能有數億至數十億個之多。這些微生物包括細菌、真菌、藻類、放線菌及原生動物等。除了微生物外，土壤中的動、植物相也極為複雜，動物相分為大型動物與小型動物，大型動物有鼠類、昆蟲、蚯蚓、蝸牛等，小型動物有線蟲和輪蟲；植物相則有綠藻、藍綠藻、矽藻等。

5. 可提供土壤中各種養分及有機廢棄物轉變的場所

　　許多物質與能量在土壤中藉由輸入（input）、輸出（output）、轉移（translocation）與轉形（transformation）而參與生態系中的養分循環。較為熟知的是碳的循環，植物靠光合作用攝入大氣中的二氧化碳，當植物死亡而殘體腐爛分解後，變成為腐植質而成為土壤有機質的主要來源，或經由土壤微生物的分解作用，轉變成二氧化碳（或甲烷）而散逸至大氣中。另外如氮的循環，大氣中的氮經由土壤中的固氮菌加以固定後被植物吸收利用，硝態氮與銨態氮藉由硝化菌與脫氮菌在土壤中進行動態平衡。由於土壤對於汙染物具有強大的涵容能力（carrying capacity），一旦有汙染物進入土壤時，土壤因緩衝能力的發揮，尚不致對整個生態系造成危害。但汙染物濃度超過土壤涵容能力時，便導致土壤汙染，例如重金屬汙染。土壤一旦被汙染（超過涵容能力或緩衝能力），便很難復原，這幾乎是不可逆的過程。

土壤的生成

　　組成地殼的主要部分為岩石，當岩石暴露於大氣中，受環境因素（如氣候、生物、地形等）長期作用，在形態上或是組成分上皆會發生改變，而使其發生改變的所有作用，可通稱為岩石的風化作用（weathering）；曾接受風化作用的岩石，其形態與性質必然不同於原來的岩石，此時稱為風化岩屑層或腐石層（regolith）；又因為它披覆在地殼的表面上，也有人稱之為風化殼或風化物覆蓋層（weathered mantle）；實際上其為組成礦物質土的基礎材料，所以又能稱為廣義的土壤母質。土壤是在自然環境中，主要受氣候（climate）、生物〔植物與動物（vegetation and animals）〕、母質（parent material）、地形（relief）與成土年齡（time）等五大因素綜合作用，並能相互影響下生成與發育的。

　　由大自然的力量所引起的風化作用，會導致地表的岩石顆粒愈來愈小，同時釋放出礦物質。另一方面，在地表活動的所有生物（包括動物、植物與微生物，活動時產生的排泄物、死亡後所留下來的遺體與殘骸等）都算是有機物質，主要堆積在

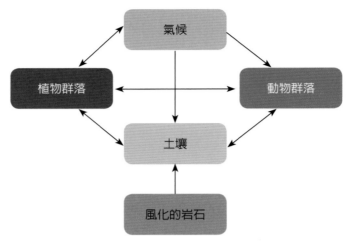

影響土壤生成之各種環境因素及各因素間互相作用與受土壤影響之示意圖

地表上。這些有機物質與礦物質，便成為了土壤的基本架構。岩石經過經年累月周而復始的熱脹冷縮，使原來緻密堅硬的岩石產生裂縫，進而崩解為鬆散的岩石與礦物碎屑物，這個過程就叫做物理風化作用。

物理風化過程使岩石崩解成可以貯存水分和空氣的碎屑物質，為接下來的化學風化過程開創了充分的條件。岩石或礦物會和水分產生溶解、水合與水解作用等化學分解過程，溶解作用是指固體礦物被水溶解，變成溶液中的離子；水合作用是固體礦物與水分子結合，改變了原來礦物質的緊密構造，因此有利於進一步的分解；水解作用則是從水分子解離出來的氫離子對礦物進行的分解作用，是礦物主要的化學風化作用，可以使礦物徹底分解。岩石和礦物經過物理與化學風化作用後，所產生的未固結碎屑物質，釋放出許多養分，可以讓植物立足生根，於是這些未固結碎屑物質的有機物就會增加，引來更多的動物與微生物棲息，最終形成土壤。

雖然，土壤的厚度跟地球半徑來做比較的話，土壤可以說是微不足道的，世界上最大的土壤厚度不會超過 30 公尺，而地球半徑約 6,400 公里。但是土壤含有豐富的礦物質與有機物，所以可以作為植物立足生長的基地，而各種微生物也會以不同的土壤作為棲息環境，同時許多動物也活動於土壤環境中。因此，土壤可以說是一切生命的起源。

土壤的組成

　　土壤是一個複雜的機械組合體系，土壤是一個包含礦物質、有機物（包括土壤微生物）、水分與空氣之多孔性、組成相當複雜的混合物。所含有的水分、空氣與固體粒子間，應該隨時都保持在適當的配合與比例的情況，才能適合植物的生長。

　　土壤是由固體之礦物質與有機質、土壤水分和土壤空氣所組成：

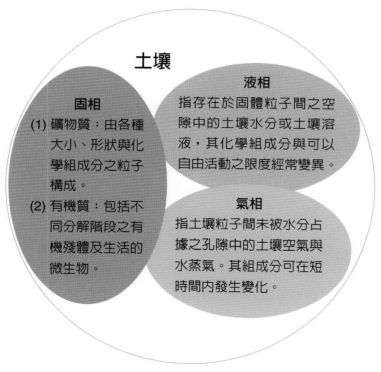

土壤

固相
(1) 礦物質：由各種大小、形狀與化學組成分之粒子構成。
(2) 有機質：包括不同分解階段之有機殘體及生活的微生物。

液相
指存在於固體粒子間之空隙中的土壤水分或土壤溶液，其化學組成分與可以自由活動之限度經常變異。

氣相
指土壤粒子間未被水分占據之孔隙中的土壤空氣與水蒸氣。其組成分可在短時間內發生變化。

▍土壤的組成

　　上述圖解中並沒有定量的觀念，下圖為一代表性之範例，但並非所有土壤皆是如此。在礦物質土壤中，固體所占的容積百分率，依土壤質地而不同。砂土約為 60 ～ 70%，壤土約為 50 ～ 60%，黏土約為 40 ～ 50%。至於有機質土，則因固體部分主要為有機質，而有機質為一種疏鬆而多孔之物質，因此有機質土的固體容積只占 20 ～ 30%。該圖係以可供給植物良好生長情況下之坋質壤土（silt loam）表土的容積組成依據，由圖可知固體部分占土壤之總容積約 50%，其中 45% 屬於礦物

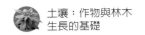
質，5% 屬於有機質。在適合多數植物生長之水分情形下，該土壤所有之 50% 孔隙
容量中，約可粗放地劃分其中 25% 孔隙爲水分所占據，另外 25% 則係空氣。土壤
之水分與空氣之含量爲極端多變者。

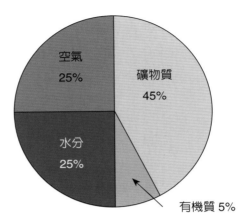

■ 土壤之構成範例──坋質壤土（silt loam）表土的容積組成

礦物質土壤粒子的性質

1. 礦物質土壤粒子大小分類的標準

下表爲現今常被使用的兩種土粒分類標準。國際分類系統的粒徑級數較少（4
級），尤其是砂粒徑級比美國農部的分類（7 級）要少。國際分類系統的缺點是會
將粒徑相異甚大的土壤歸屬同類，致使這種人爲硬性分級的特性，日益明顯。質地
是土壤性質中較穩定的一種，即使耕耘作業或其他方式，在長時間內亦不致有多大
的改變。

土粒組（級）及其直徑範圍

美國農部土粒分類標準		國際土壤學會土粒分類標準	
土粒組	直徑（公釐）	土粒組	直徑（公釐）
極粗砂（very coarse sand）	2.00 ～ 1.00	粗砂（coarse sand）	2.00 ～ 0.20
粗砂（coarse sand）	1.00 ～ 0.50	細砂（fine sand）	0.20 ～ 0.02

（續下頁）

美國農部土粒分類標準		國際土壤學會土粒分類標準	
土粒組	直徑（公釐）	土粒組	直徑（公釐）
中砂（medium sand）	0.50～0.25	坋粒（silt）	0.02～0.002
細砂（fine sand）	0.25～0.10	黏粒（clay）	< 0.002
極細砂（very fine sand）	0.10～0.05		
坋粒（silt）	0.05～0.002		
黏粒（clay）	< 0.002		

2. 礦物質土壤粒子的形狀

下列二圖為砂與極細砂及坋粒在普通放大鏡下觀察之形狀。據圖可知，不論砂粒或極細砂與坋粒皆為不規則形，且形狀變異甚大，至於黏粒之形狀，則大多成薄片狀。

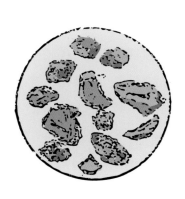
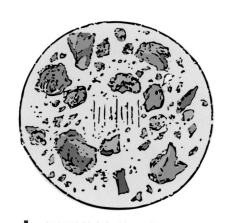

▌ 砂粒之形狀　　　　　　　　▌ 極細砂粒與坋粒之形狀

3. 礦物質土壤粒子的成分

各級砂粒與坋粒皆為未風化或些微風化之原生礦物，以石英、長石、雲母等為主，其表面常附著膠體狀態之鐵與腐植質。黏粒皆為次生礦物，主要為黏土礦物；黏粒雖小，但卻是土壤中礦物質粒子最活躍的部分，對於植物生產關係亦最大，這當然是由於它具有各種特殊性能之關係。

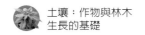
4. 礦物質土壤粒子的性狀與作用

(1) 各級砂粒中除極細砂在以手指感覺上甚似於坋粒外，其他砂粒特性均很明顯。砂粒在土中常表現單粒狀態，單位容積中砂粒之表面積小，故缺乏塑性（plasticity）、內聚力（cohesion）、保水能力及吸收力弱，對植物養分之保持與供給上均為不良。在土壤中此等粒子存在量多時，土壤排水過於良好，土質疏鬆，便於耕作，春季溫度容易提高等優點。這些粒子以手指觸摸時常有砂粒（gritty）與小塊性（crumbly）的感覺，乾燥時很難使其結成團塊狀，溼潤時雖可使之結成團塊狀，但以手觸摸即告破壞。

(2) 坋粒：體積雖小，一定容積中坋粒之表面積較大，所表現之物理化學現象介在砂粒和黏粒之間，以手觸摸有平滑（smooth）與蓬鬆狀（fluffy）感覺，乾燥時施以壓力，可使之結成團塊狀，但結合力弱，以手觸摸即告破壞。坋粒之野外檢定多以乾時為宜；一般把砂粒與坋粒稱之為構成土壤的骨架物質（skeletal materials）。

(3) 黏粒：為礦物質粒子中最小部分，在土壤中常存在於較粗粒子的間隙中，或附著於粗粒子之表面上；在一定容積中黏粒之表面積最大，為礦物質土粒操縱土壤之物理與化學作用之最主要部分，其具有極大之塑性、內聚力、保水力、陽離子鹽置換（或交換）能力，並有吸附氣體的能力；吸收水時會發生體積膨脹（swelling），脫水時會發生體積收縮（shrinkage）；吸水時會發生熱量（heat of wetting），投入水中會造成混濁液〔或懸浮液（suspension）〕，因而產生黏性（viscosity），在懸浮液中倘遇電解質時，可發生分散（dispersion）與絮聚（flocculation）之現象等特殊性質。由上敘述可知黏粒在土壤中適量存在，對植物生產有良好之影響，如果存在量多，常使土壤成為重土壤（heavy soil），不利耕作，水分流通受阻，植根之伸展與穿透困難，土壤溫度上升緩慢。野外檢定之方法多以溼土進行。最簡便的方法，為利用細條試驗（ribbon test），即搓捻溼土於手中，做成細條，然後以手指拿著細條之一端，使在空氣中微微擺動，如土壤中黏粒含量高於 30%，此等細條表面無裂痕產生，更不會折斷；若黏粒含量低於 25% 時，此等細條脫手即有裂痕發生於表面，並容易折斷。

5. 土壤中各種大小礦物質土礫含量的檢定法

　　土壤爲各種粗細土粒所構成，土壤絕無由一種同一大小土粒構成者，而土粒大小不同，其礦物組成分以及物理及化學性質均有差異，而同含有各形狀大小土粒之土壤，其含量比率不同時，其所表現之性質亦各有不同，故有將其檢定之必要。檢定法可分爲室內檢定法與室外檢定法兩大類，室內檢定法稱之爲機械分析（mechanical analysis）或粒徑分析（partide size analysis），室外檢定法請參見「土壤質地」一節。

土壤有機物的性質

　　土壤有機物包括新鮮的及各種分解階段的有機質，有動物性與植物性兩種來源。當其完全分解即構成了土壤腐植質（humus）。土壤腐植質之定義，可解釋爲土壤有機物中已行分解而消失其原有形態之無定形海綿狀物質；具有膠體之特性，但塑性微弱，黏著性稍強，故可緩和黏質土壤之塑性，並團結砂性土壤，爲微生物活動之必需物質，可保存水分，吸著保持並供給微量之各種植物養分，在土壤中存在量雖少，對土壤之物理、化學和生物性質影響甚大。

土壤生物體的性質

　　土壤中除了含有無生命之固體成分外，尚包含有生命之固體成分，稱爲生物體，與土壤有機物有所區分。重要者如下：

1. 植物根群

　　由於生活之活動，根部在土壤中可吸收水分與養分，及進行呼吸作用與分泌若干物質。這些作用皆對土壤風化作用的進行與土壤性質的改變，具有重要影響，況且根群枯死分解後，更可以增加土壤中的有機物含量。

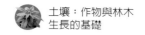

2. 其他生物體

大型者如鼠類、兔類及其他獸類；小型如蝸牛、蚯蚓、百足蟲、蜈蚣等；微生物則如線蟲、原生動物、藻類、放射狀菌、黴菌、酵母菌、細菌、絲狀菌等。此類生物體對於土壤及土壤有機物之物理、化學性質改變，皆有顯著的影響。

土壤溶液的性質

土壤水分或土壤溶液，可定義爲「浸漬土粒之液體或存在於土粒間隙中之液體」。與純水之性質不同，土壤溶液中常含有多種可溶性鹽類，例如鈣、鎂、鉀、鈉等氯化物、硝酸鹽、硫酸鹽、碳酸鹽和磷酸鹽。土壤溶液之含量、成分與濃度均隨時在變化，因此其爲高度動態的相系。造成土壤溶液含量、成分與濃度上發生變化之主要因素爲：

1. 蒸發作用（evaporation）；
2. 雨量（rainfall）；
3. 微生物之活動（activity of microbiology）；
4. 植物吸收（absorption of plants）；
5. 化學組成分（chemical constituents）；
6. 施肥（fertilization）；
7. 排水（drainage）等。

其中微生物之活動最爲重要，微生物會聯合土壤礦物膠體（黏粒）而占據土壤與植物間之中心位置。至於土壤溶液之重要性，主要因爲與植物吸收養分有密切之關係。

土壤空氣的性質

土壤空氣與大氣不同之點，主要爲：

1. 土壤中空氣常爲水蒸氣所飽和。

2. 土壤空氣中含有較少之氧氣，與較多量之二氧化碳，正常情形下，大氣中二氧化碳的含量以容積計約占 0.03%，土壤空氣中常達 0.5%，有時超過 1%，在特殊情況下可高達 15%。

第二章

土壤的描述與分類

土壤剖面

土壤剖面的描述

美國土壤分類系統

土壤溫度境況

土壤水分境況

臺灣地區主要土壤的分布與特性

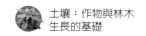

　　土壤不僅有面的分布，且有深度，因此每一種土壤皆有一剖面（profile）。土壤剖面是指自地表直至疏鬆風化岩石（或母質）間之垂直切面，包括在同一生態環境系統下發育的連續土壤層次。土壤剖面之性質對植物根部之伸展、水分之貯存以及植物養分之供給上有極大影響，同時也是土壤科學研究之重要基礎，以及土壤化育之歷史紀錄。

　　土壤剖面的自然狀態與性質，是大部分土壤分類的根據，學習土壤的人應先具備田間描述土壤的能力。這種訓練需要有敏銳的觀察力與果決的判斷力，例如靜態地表有機層的厚薄與類型可以反映動態有機物分解的過程；自土壤剖面深處有碳酸鈣的聚積，可推知有關土壤中鈣的風化作用與鈣在土壤中移動的情形。敏銳的觀察者可自土壤剖面中獲得各種線索，可以用來說明與解釋土壤的各種作用過程，以及在時間歷程中的變化。另外輔助以實驗室中的土壤檢定，以獲得有關土壤性質與作用過程中更詳盡與定量上的資料。如果採用放射性同位素追蹤劑，亦可能直接測定某些土壤作用過程，例如年有機物累積量，或土壤剖面之水平移動率。這些技術牽涉既廣，所費不貲，而在田間觀測時，只能用肉眼觀測土壤特性。

　　土壤為了方便管理與利用，必須建立分類系統。土壤分類就像動、植物的分類原則一樣，使用不同等級的綱目（category），將所觀察的土壤加以分門別類，從這些被分類的類別中，看出彼此之間相同或差異的地方。

土壤剖面

　　土壤具有深度與寬度，並可平展地面，故土壤為三度空間的實體。檢視土壤時需作縱切剖面的觀測。利用土穴（soil pit）或路坡切方，或其他用途而存在的土坑，即可進行觀察。土壤的縱切面多呈現一條或數條層面，各有其分明的顏色及外形。這類層面多是水平分布，與地表平行，通稱為土層（化育層，horizon）。縱向上下之疊層則合稱為土壤剖面（soil profile）。土壤剖面所呈現的土層有其厚度、顏色及其他的性質，同時各土層間亦有這類特徵上的差別。有時上下兩土層的分界線常混淆不清，甚至相混摻雜，難以分辨。

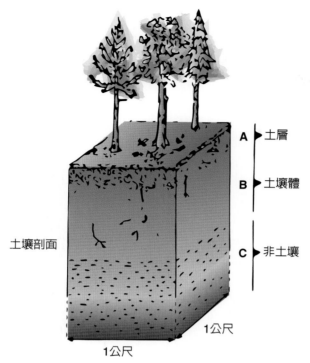

A ▶ 土層
B ▶ 土壤體
C ▶ 非土壤

土壤剖面

1公尺
1公尺

▌ 土壤剖面與土體示意圖

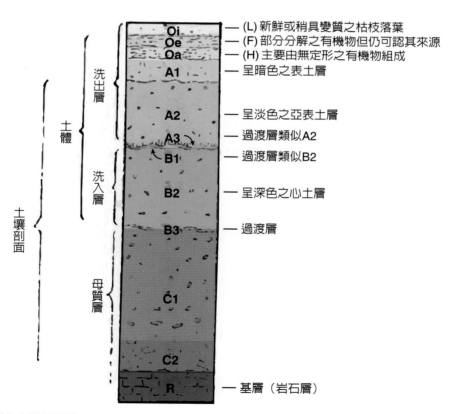

Oi — (L) 新鮮或稍具變質之枯枝落葉
Oe — (F) 部分分解之有機物但仍可認其來源
Oa — (H) 主要由無定形之有機物組成
A1 — 呈暗色之表土層
A2 — 呈淡色之亞表土層
A3 — 過渡層類似A2
B1 — 過渡層類似B2
B2 — 呈深色之心土層
B3 — 過渡層
C1
C2
R — 基層（岩石層）

洗出層
土體
洗入層
母質層
土壤剖面

▌ 理想的土壤剖面圖

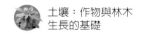

　　土壤為一動態的系統（dynamic system），土壤剖面中層次之生成，主要由於物質之增加、損失、轉移與轉形（變質）等四種方式而造成，這些作用隨時在進行，土壤的組成均隨時在變化。

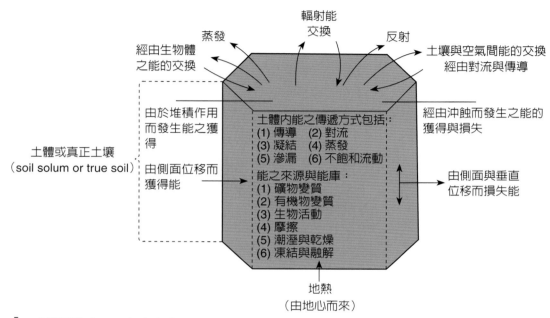

▌土壤樣體（pedon）之土體中能的來源與傳遞簡圖

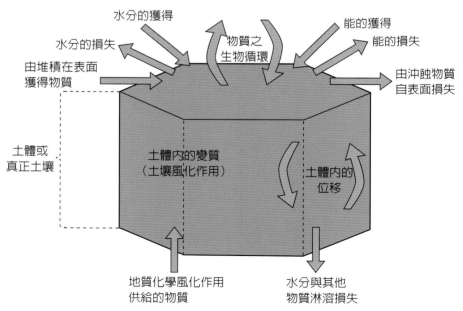

▌土壤樣體中之土體被視作開放系統的簡圖

這些作用之方式與速率並非整個剖面上下一致，增加與損失也不是各部位相似。例如一般有機物之增加量，在表層遠多於底層。由此可以假設：

1. 當腐石層形成時，植物迅速獲得立足點（有時在岩石未崩解前，微生植物即已生長於其表面），最先當為微生植物與微生物，隨之則為較大型而複雜之植物，接著即為小型動物，如此而組成初期之生物社會。

2. 從此時開始，生物活動之產物與死亡後之殘體，皆會遺留於腐石層之上部，再由有機物之增加及分解，逐漸改變腐石層上部的外觀與性質，成為初生之表層土壤。

3. 接著則有高等生物繁衍，也都經過相似步驟而增加有機物，但增加之**趨勢**，大多以表層多於深層。

4. 又如黏粒（clay）、氧化鐵鋁（sesquioxides）與可溶性物質，可能損失自表層，而沉積於深層。

在溼潤氣候下，土壤剖面中物質的損失，主要由淋洗（leaching）、洗出（eluviation）和植物吸收（plant absorption）三種方式而造成。

1. 經由淋洗作用，將可溶性鹽類或溶解於弱酸中之物質自表土移出而沉積（deposition）於下層。

2. 經由洗出作用，使許多呈微粒或膠體狀態之不溶解物質，隨土壤水下滲而洗入（illuviation）於下層，包括腐植質、黏粒、氧化鐵、鋁等皆可因此作用而下移。

3. 經由植物吸收作用，土壤中若干植物營養元素（essential nutrients），將被吸收而移入植物體內，但由此作用造成之後果，在森林區內常為將土壤下層中之元素轉移至上層。

其他還包括土壤礦物質均隨時在進行緩慢分解，有機物則被迅速分解。有機物分解後產生簡單生成物（如二氧化碳、硝酸、硫酸、磷酸、含鈣化合物等）與複雜生成物〔如腐植質（humus）〕。礦物質可與空氣及水或與其他礦物發生相互作用而生成新的化合物。雖然物質之增加、損失、轉移與轉形（變質）作用之綜合影響緩慢，但卻是連續變動不會停止的作用，因此形成土壤剖面中各化育層（soil horizons）之形態與性質上的差異。

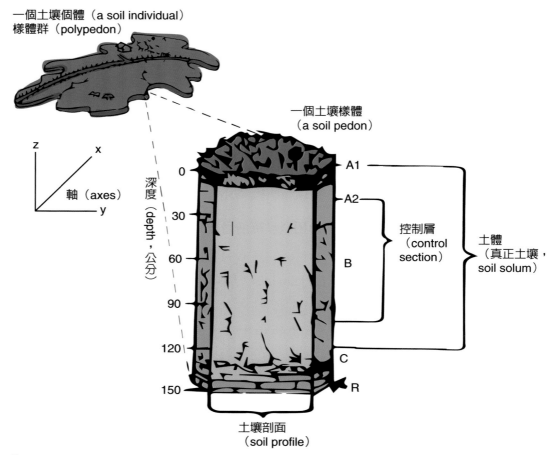

一個土壤個體（a soil individual）
樣體群（polypedon）

一個土壤樣體
（a soil pedon）

z
x
軸（axes）
y

深度（depth，公分）

0
30
60
90
120
150

A1
A2
B
C
R

控制層
（control section）

土體
（真正土壤，
soil solum）

土壤剖面
（soil profile）

一土壤個體為在某地景中之一自然單位，由存在位置、大小、坡度、剖面及其他特徵等而區別之。
圖中「控制層」（control section）一般是指土層中 25 ～ 100 公分深度範圍內之部分，控制土壤
之通氣、排水與供給養分狀況

　　當描述土壤剖面之時，總會面臨的問題常常是「土壤剖面應多寬？多深？」，
其實這些問題的解答沒有一定的標準，因為土壤不同，答案也不同。但是，土壤科
學家大多同意的是，描述土壤剖面的單元通稱為土壤樣體（soil pedon）。樣體的
定義為（Soil Survey Staff, 1975）：「土壤樣體為所描述與取樣土壤的最小面積，
足以代表該樣本土壤各土層的性質與相互配置。」土壤樣體是三度空間的自然體，
其深度下限並不明顯，界於土壤與其下「非土壤」（nonsoil）之間，樣體的縱剖面
之面積要足以代表該土體各土層的性質與變異度，樣體的每個土層縱深厚度不盡相
同，組成可能有差別，甚至可能中間會斷續不相連。樣體的面積可介於 1 ～ 10 平

方公尺之間，其大小仍視土壤的變異度而異。

　　以實際調查而言，樣體的剖面最少切開寬度爲 1 公尺，但是有時亦可達 35 公尺寬。然而其縱向垂直深度卻無定則。土壤有機物與土壤生物與土壤風化的過程息息相關，所造成的影響程度因土壤深度遞增而遞減，但是深及某個地區，可將其上的物質稱爲土壤，其下則可稱爲地質物，或稱非土壤（nonsoil）。此地質物，可被視爲廣義的土壤母質（soil parent material）。地質物（非土壤）上面的各土層，綜合稱爲土體（solum）。許多森林土壤內的根群可往下垂直延伸至普通稱爲土體的下面數公尺。雖然土壤剖面的垂直深度多以土壤體的總深度爲標準，但是在描述土壤剖面時，宜盡可能要描述並定量此類深根的延伸深度及範圍，並包括根部生育處的周遭物質的性質。

土壤剖面的描述

　　一個土壤剖面中，可包括兩個或兩個以上之約略與地面平行之層次。上、下層次間，在顏色、質地、構造、結構、孔隙及反應等性質方面，必有若干差異。此層次即所謂之化育層，化育層係由成土作用所造成，故與一般由自然營力所新堆積或新沉積而造成之層次不同，前者在同一土壤剖面中，雖上下層間之特性有差異，但其演變與發育過程息息相關。後者只能屬於純物理或機械的堆積，上下層間無化育關係存在。化育層之厚薄無固定，一層至另一層間常無明顯界線，多數爲漸變的。

　　在開始描述土壤剖面時，第一步是先決定各土壤層的上下秩序與層數，非土壤的性質，並根據標準符號系統（standard system of notation），逐一鑑定記錄之。在多數成熟礦質土（無質土）土壤剖面中，化育層的命名係以三種符號所組成：

1. 大寫的英文字母

　　用以表示主要的化育層次。由上而下，依次用大寫的英文字母 O、A、E、B、C 與 R 代表土壤的主要化育層次，一般將 O 或 A 層，位於剖面之表層而稱爲診斷表育層（diagnostic epipedon），將位於剖面之下層之 E 或 B 層稱爲診斷化育層（diagnostic horizons），而將剖面之 C 層稱爲母質層（parent materials），C 層之

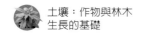
下之母岩層稱為 R 層（rock），但一般不將 R 層納入土壤體之部分。

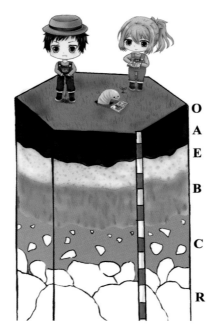

■ 土壤主要的化育層次（繪圖作者許穎蓁）

主要的診斷表育層

名稱	主要特徵
黑沃表育層（mollic, A）	厚度較厚、色深、高鹽基飽和度（BS% > 50%）、構造完整。
黑瘠表育層（umbric, A）	厚度較厚、色深、低鹽基飽和度（BS% < 50%）、構造完整。
烏黑表育層（melanic, A）	厚度較厚、色烏黑、有機碳 > 6%、常見於火山灰土壤。
有機表育層（histic, O）	有機碳含量高（> 8%），一年中大部分都保持溼潤狀態。
人為表育層（anthropic, A）	以人工方式造成類似黑沃表育層的土層，常見特性為有效性磷含量高。
游牧表育層（plaggen, A）	常年因人為放牧所造成的土層，表土 50 公分有人為活動的痕跡。
淡色表育層（ochric, A）	顏色較淺、有機質低、厚度較黑沃表育層薄。

2. 小寫的英文字母

在大寫英文字母的後面，用以表示主要化育層的某些特殊性質，表示該土層受到土壤化育演變上的特殊變化。例如 Ah 層乃指 A（主）層聚有腐植質（humus）；Bt 層為 B（主）層並聚有黏粒（clay）。凡暫時或永久受到水淹漬的土壤，其內的若干礦物質（尤其是含鐵礦物質）會發生還原作用，故土壤常呈藍灰色或雜有灰—黃—橙—紅色的鏽斑（mottles）。這種現象稱為灰黏化（gleyed）。在水成型土（hydromorphic soils）之 C 層中，有時可發現潛水灰黏化層（gleyed layer），則以 Cg 標明之。在若干土壤中又可發現有碳酸鈣與硫酸鈣聚積，則可分別以 Ck 及 Cy 表示之。

主要的診斷化育層名稱與特徵

名稱	主要特徵
黏聚層（argillic; Bt）	黏粒蓄聚，常見黏粒膜。
聚鈉層（natric; Btn）	一種黏聚層，陽離子交換容量 > 15% 為鈉飽和，常為稜柱狀或柱狀構造。
淋澱層（spodic; Bh, Bs）	有機質與鐵鋁氧化物累積。
變育層（cambic; Bw, Bg）	受到物理性移動或是化學性反應造成母質的轉變而生成之土壤，非澱積土。
耕育層（agric; A, B）	位於耕犁層下，有機質與黏粒累積。
氧化物層（oxic; Bo）	高度風化，主要為鐵鋁氧化物與低電荷黏粒的混合。
漂白層（albic; E）	顏色淺，為黏粒與鐵鋁氧化物洗出層。
聚鈣層（calcic; Bk）	碳酸鈣或碳酸鎂累積。
石膏層（gypsic; By）	土層中富含硫酸鈣。
鹽土層（salic; Bz）	可溶性鹽類累積。
薄膠層（placic; Bsm）	土層薄、色深，為鐵、鐵錳或鐵錳與有機質膠結而成。
暗色層（sombric; Bh）	土層中多為有機質累積。
硬盤層（duripan; Bqm）	由矽酸膠結而成的硬盤。
脆盤層（fragipan; Bx）	總體密度高，溼潤時脆，乾燥時堅硬。

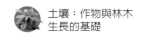
3.阿拉伯數字

　　若用於英文字母的後面，表示該層次的垂直細分，但若用於英文字母之前，則表示土壤的不連續性。在土壤科學研究上，各主要層可能細分出若干亞層（subdivisions），以各主要層代表字母右方加一數字以名之，諸如 A1、A2、A3、B1、B2、B3。各亞層在土壤剖面中有時隱約而不明顯，有時可缺其一或一個以上。亞層可供為土壤演育程序上之索引，在土壤利用與管理上也是重要的參考。整個垂直土壤剖面間雜有石質斷層（lithologic discontinuities），則在土層前附加阿拉伯數字（1975 年之前的美國舊分類系統是採用羅馬數字）符號（數字 1 指上土層，一般可省略），例如 A-C1-C2-2Bw1-2Bw2-2C1-2C2。

　　合 A 及 B 兩層即稱之為土體（soil solum），或真正土壤（true soil）。包含 A、B、C 三層，即稱之為土壤剖面。某土層經主要土壤風化作用程序後，內部的物質溶解懸移到他處者稱為洗出層（eluvial horizon），例如 A 層便是。B 層多是懸移作用或淋洗作用下的沉澱物聚集而成之層，故稱 B 層為洗入層（illuvial horizon）。有若干土壤剖面中缺 A 層者，特稱之為 BC 剖面，如受沖刷影響而使 A 層流失者屬之。亦有若干土壤缺 B 層者，特稱之為 AC 剖面，如由沖刷物形成之年輕土。更有若干土壤缺 C 層者，特稱之為 AB 剖面，如成土母質受自然因素作用而移運至另一堅硬岩石層發育而成者屬之。若土壤剖面之洗出層與洗入 B 層相疊成序者，稱為單層序剖面（sequence）。某土壤剖面中有時兼具二組單層序剖面時，則稱為雙層序剖面（bi-sequence）。各化育層簡述如下：

(1) O 化育層：為地表有機層（surface organic layers），富含有機質的層次，係由未分解或部分分解的植體所組成。一般而言，森林土壤與部分草原土壤的表層是 O 層，而農田土壤或一些草原土壤，因為耕作或放牧的原因，使 O 層被攪動、移去或被微生物分解與利用。在森林土壤的地表有機層包括地表聚積物（surface accumulations），主要為葉、枝條與其他植物殘體。有些地區的地表聚積物很少，這是由於有機物分解作用太快的緣故。森林地表有機層，依縱向垂直剖面及分解程度，通常可再分為若干層次，自上層分解最輕微至下層分解最徹底，可包括：

　① L（litter，枯落物）層：有機物僅稍具分解狀態的有機物層分解度輕微，幾乎都還是新鮮的枯枝落葉所構成的，易辨識其來源。美國分類系統稱此層為 Oi

（初始有機層，initial organic layer）。

② F（fermentation，發酵）層：有機物的部分已遭分解，呈半腐狀態的有機物層，其來源已不易辨識者；除了有腐植質外，另一半的體積是新鮮的植物殘體。美國分類系統稱此層為 Oe（半分解有機層，semi-decomposed organic layer）。

③ H（humus，腐植質）層：此層之有機物都已經分解成黑褐色的柔軟腐植質，是種無定形物，其有機物的來源已無法鑑別，此層的下限多與其下的礦質土混合。美國分類系統稱此層為 Oa（高度分解有機層，highly decomposed organic layer）。

(2) A 化育層：常稱之為表土層，生成於地表或在一個有機質層之下的礦物質化育層，為植物根及微生物最活躍之處所。此層的特徵為：

① 聚集有機物，此有機物多來自地表有機層，且呈無定形狀（腐植質）；此土層的黏粒、鐵與鋁有喪失的特徵。但是每種表層所聚積的有機物量或喪失其他物質的程度，相差很大。

② 具有腐植化有機質與礦物質已密切混合的特徵，且不具有 B、E 或 C 層特性的性質。

③ 具有來自耕作、畜牧或類似人為干擾作用所產生的性質。森林土壤的 L、F、H 與 A 層常可反映該處受破壞或受干擾的程度與歷史，例如森林火災、風倒、伐木作業、洪水氾濫、耕耘農作及放牧作業。

(3) E 化育層：為一礦物質層。矽酸鹽黏粒、鐵、鋁或上述物質的混合洗出，只留下抗風化的石英或其他抗風化礦物的砂粒及坋粒為其主要特徵。

(4) B 化育層：常稱之為心土層。其特質為聚集不等量的矽酸黏土（silicate clay）、鐵、鋁或腐植質。此層有水解作用、還原作用或氧化作用後的殘留物，此殘留物的存在便可用來區分上下土層。

① 本化育層生成於 A、E 或 O 層之下，原始的岩石構造幾乎或完全消失。

② 具有矽酸鹽黏粒、鐵、鋁、腐植質、碳酸鈣、硫酸鈣或矽等物質，單獨或綜合洗入於該層。

③ 碳酸鈣被移去的證據。

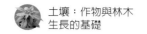
④ 殘留三氧化二物。

⑤ 在沒有明顯鐵洗入的作用下，為三氧化二物所包裹，使本層明顯的較上層及下層土壤有較低的色值、較高的色度與較紅的色彩。

⑥ 因改變而生成矽酸鹽黏粒或釋放出氧化物質，或同時具有上述二者，及如果因土壤伴隨著水分影響，而體積有所改變，所生成的團粒、塊狀或稜柱狀等構造。

⑦ 上述特徵之綜合性質。

(5) C化育層：本化育層並不包括硬的母岩，而係指受化育作用影響甚小，及缺乏 O、A、E 及 B 化育層性質的層次。C 層的物質可能與其被認為與所形成的土體相似或不同，即使沒有明顯的化育證據，C 化育層也可能已改變。此層雖缺乏土體（solum）的特徵，但可能具有碳酸鹽類或可溶鹽類、呈膠結作用（cementation）或硬結作用（induration）、有長期或暫時飽和水的特徵。

(6) R層次：土壤下方之堅硬、膠結的基岩（母岩）。花崗岩、玄武岩、石英岩及固結的石灰岩或砂岩，是母岩被命名為 R 層的例子。

美國土壤分類系統

根據土壤剖面中各種層次的排列組合，我們就可以進一步來分類土壤。有了土壤分類的架構，才能將土壤做有系統的調查，並將調查結果以現代化的資訊工具呈現出來，作為土壤管理及土地規劃利用之極重要參考資料。

在動、植物的分類上，有所謂界、門、綱、目、科、屬、種等不同等級的綱目名稱，作為分門別類之用。土壤分類就像動、植物的分類原則一樣，使用不同等級的綱目（category）將欲分類的土壤加以分門別類，從這些被分開的類別中，看出彼此相同或差異的地方，而這個區分的等級就叫做土壤分類的綱目。土壤調查結果會依土壤分類單位繪製在土壤圖上，因此在土壤圖上同一界線範圍內，就是土壤分類的基本單位。土壤分類單位可以幫助我們理解不同種類土壤間的差異，作為土壤管理的依據，並建立有系統的自然資源資料庫。

土壤為了方便管理與利用，必須建立分類系統。不過，世界各地的土壤因為在

生成因子上都不太一樣，同時在土地利用形態上也不一致，因此無法像動物或植物分類一樣，在全世界有著共同的分類系統與分類法則。雖然如此，我們若能了解各種土壤分類系統的規則，就能了解各種土壤在分類名稱上所代表的意義，進而建立國際間在土壤分類上共同的語言。目前世界上最主要的土壤分類系統，是美國土壤新分類系統，被廣泛地應用在相關學術研究與農業技術轉移上。

　　臺灣地區土壤之分類，一直沿用美國農部 1938 年所設立之系統，並以 1949 年、1955 年、1959 年等逐年修訂之系統為架構，再依臺灣地區特有之土壤特性及性質加以命名而成。主要以「土系」（soil series）為土壤分類基本單位，並以「大土類」或「土類」稱呼臺灣地區之主要代表性土壤，但似乎不很適當，因為其名稱主要係由土壤母質來源或剖面的顏色及其特性來命名，亦是較老的命名方法，以往大家常聽到的名稱，如石質土、灰壤、灰化土、崩積土、黃壤、紅壤、黑色土、老沖積土、新沖積土、混合沖積土、鹽土、臺灣黏土等，都是由民國 40 年被許多人沿用至現在。

　　美國農部於 1960 年創立新土壤分類系統，經多次修正，於 1975 年命名為土壤分類學（Soil Taxonomy）。此分類系統係由六個綱目（category）所組成，自最高級綱目按序降至最低級綱目，分別為土綱（Soil Order）、亞綱（Suborder）、大土類（Great Group）、亞類（Subgroup）、土族（Family）及土系（Series），高級綱目之數目較少，低級綱目之數目較多，有如「金字塔」一般。通常將土綱、亞綱、大土類視為高級綱目，與土壤之生成、化育作用有關，其餘三個綱目視為低級綱目，與土壤性質、肥力特性、作物生產較有關。六個分類綱目主要之分類依據簡示如下：

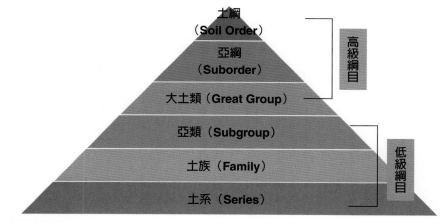

六個分類綱目

(1) 土綱（Soil Order）：共有十二個土綱，依據主要之化育作用（pedogenic processes）或診斷化育層（diagnostic horizon）來分類。

(2) 亞綱（Suborder）：每一土綱依據土壤水分境況（soil moisture regimes, SMR）以及土壤溫度境況（soil temperature regimes, STR）之不同，再區分為亞綱。

(3) 大土類（Great Group）：每一亞綱依據土壤樣體中各診斷化育層在剖面中之排列順序，或不同之土壤水分境況或土壤溫度境況來區分為不同的大土類。

(4) 亞類（Subgroup）：表示大土類之中心觀念或過渡向其他土綱、亞綱或大土類之特性來區別。

(5) 土族（Soil Family）：主要依據土壤樣體中之粒徑等級、礦物含量、土壤溫度境況（STR）、根圈的深度、結持度（consistence）、水分當量（moisture equivalent）或坡度等能影響土壤管理之土壤物理、化學或其他性質所組成。

(6) 土系（Soil Series）：主要依據不同之土壤質地等級在土壤剖面中之排列來區別不同之土系。一般是某些地區之代表性土壤，通常以「地名」來命名。

在美國新的土壤分類系統中，共有十二個土綱，其特性簡述如下：

十二個土綱

土綱	中文名	縮寫	主要特徵
Gelisols	永凍土	el	< 1m 內具有永凍層、有冰擾動的痕跡。
Histosols	有機質土	ist	有 > 20% 以上的有機質。
Spodosols	淋澱土	od	有淋澱層，有鐵鋁氧化物與腐植質累積。
Andisols	灰燼土	and	具有火山灰土壤特性，多為鋁英石或腐植質鋁。
Oxisols	氧化物土	ox	具有氧化物層（oxic horizon），無黏聚層，高度風化。
Vertisols	膨轉土	ert	高膨脹性黏土，當土層乾燥時會形成深裂縫。
Aridisols	旱境土	id	土層乾燥，具有淡色表育層，有時會有黏聚層或聚鈉層。
Ultisols	極育土	ult	具有黏聚層，鹽基飽和度低（BS% < 50%）。
Mollisols	黑沃土	oll	有黑沃表育層（mollic epipedon），具高鹽基飽和度，土色深，有黏聚層或聚鈉層存在。
Alfisols	淋溶土	alf	有黏聚層或聚鈉層的存在，中到高的鹽基飽和度。
Inceptisols	弱育土	ept	化育程度低，少有診斷特徵，可能有淡色或黑瘠表育層及變育層（cambic horizon, Bw）。
Entisols	新成土	ent	土層化育厚度薄，常為淡色表育層，無化育層。

1. 永凍土（Gelisols）

地表以下 100 公分土壤終年為結冰的永凍狀態（permafrost）。

阿拉斯加的永凍土（夏天融冰後，表土多為有機物，相當鬆軟容易塌陷，結凍的底土溶解迅速，冰層清晰可見）

阿拉斯加永凍土土壤剖面

以冰鑽鑽取的永凍土土壤樣本

2. 有機質土（Histosols）

在深度 10 公分以上有大於 20% 有機物（或大於 12% 的有機碳含量）的土壤。

有機質土（0 ～ 45 公分幾乎全部由有機質所組成，少有礦物質成分；而 45 公分以下即為風化的
母岩層 R 或 Cr，此處灰白色的物質為風化的四稜砂岩）

3. 淋澱土（Spodosols）

有一由有機物與鐵、鋁結合之物質被水由上層土壤帶至 B 層所形成之淋澱化育層（spodic horizon）者，大都分布在砂質地之高山平坦地區，有強烈的淋洗作用，氣候冷涼潮溼。

淋澱土〔從上至下包括暗色 A 表層（0 ～ 10 公分）、特徵性洗出層（漂白層，10 ～ 22 公分）、
暗紅色薄膠層（22 ～ 27 公分）與暗紅色洗出層（淋澱層，27 ～ 40 公分）〕

4. 灰燼土（或火山灰土，Andisols）

含有火山灰特性之土壤（如土壤很輕、無定形性質很多、對磷吸附力很強等特性）。

▌灰燼土

5. 氧化物土（Oxisols）

土壤已經化育很長一段時間（數十萬年以上），可以說是各種土綱在風化過程的最後階段，因此土壤中的礦物僅剩下氧化鐵、鋁與抗風化能力較強的高嶺石與石英，其他的矽酸鹽黏土礦物含量則較少。氧化物土的肥力很低，pH 值通常很低，鉀、鈉、鈣、鎂等鹽基性離子含量很少，B 層有一氧化物層生成。

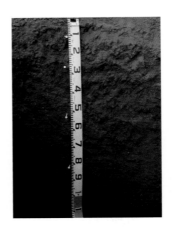

▌ 氧化物土

6. 膨轉土（**Vertisols**）

在 1 公尺土層內含有 30% 以上的黏粒含量（直徑小於 0.002 公釐的土粒），會隨著土壤水分含量不同而呈現膨脹收縮的特性，潮溼時地面突起，乾燥時容易龜裂。

▌ 膨轉土（土壤表面乾燥時出現明顯的裂隙）

膨轉土乾燥時出現的裂隙，寬度甚大，土塊構造良好，甚硬

7. 旱境土（**Aridisols**）

雨量較少且日照強烈的地區，土壤因蒸發作用之故，累積了大量的可溶性鹽類，導致土壤構造較為緊密而堅硬，如果不經過適當的排鹽與灌溉，並不適合農作物的生長。

8. 極育土（**Ultisols**）

高溫多雨的環境中所生成的土壤，在 B 層中有一黏粒洗入聚積的層次（黏聚層），因此特別黏，由於強烈的淋洗作用，鹽基性離子流失，故肥力比較差。

極育土

9. 黑沃土（**Mollisols**）

顧名思義，此種土壤是又黑又肥沃，因為有機物累積的比較多，但又不像有機質土綱含量這麼高，富含鹽基性離子，肥力很高。

黑沃土

10. 淋溶土（**Alfisols**）

此類土壤與極育土性質類似，但由於淋洗程度較極育土弱，或是農民在極育土上施用大量肥料而鹽基性離子含量較高，使土壤較為肥沃，因此土壤肥力較極育土高。

11. 弱育土（**Inceptisols**）

顧名思義，此種土壤是由母質弱度化育生成之土壤，有明顯的土壤構造與顏色轉變，因此稱為「構造 B 層」。

12. 新成土（**Entisols**）

由母質化育生成之最年輕土壤，大都分布於高山陡峭地、河流沖積三角洲河口、新沖積平原等地，通常土層很淺或整層無變化，土層的特徵是沒有任何 B 層的存在。

土壤溫度境況（soil temperature regime, STR）（以下說明僅限於礦物質土壤）

1. 永凍的（gelic）

年平均土溫低於 0℃，如果是溼潤狀態，則土壤具有永久凍結現象，如果土壤不含有過剩水，則土壤呈乾凍結狀態。

2. 嚴寒的（cryic）

屬於此溫度範圍的土壤為具有年平均溫度高於 0℃（32°F），但低於 8℃（47°F）。

(1) 在礦物質土壤，於深度 50 公分或當為淺層土壤時，則在土壤岩石接觸面或擬土壤岩石接觸處，平均夏季（6、7、8 月分）土溫是如下：

① 如果在夏季若干季節內未被水分所飽和，與

　A. 無 O 層，低於 15℃（59°F）；

　B. 有 O 層，低於 8℃（47°F）；

② 如果在夏季若干時期內飽和以水，與

　A. 無 O 層，低於 13℃（55°F）；

　B. 有 O 層時或有一層有機表育層，低於 6℃（43°F）。

(2) 在有機質土壤，為下述情況之任一種：

① 多數年度內，在夏至後約 2 個月內，土壤之控制部分深度內，若干層次是呈凍結的；也就說土壤在冬季是嚴寒的，在夏季稍微溫暖些。

② 在多數年度內，在 5 公分深度以下，土壤不會凍結；也就是說土壤全年皆冷，但可因海洋的影響，多數年度內不會結冰。

嚴寒的土壤，如具有浸（滯）水範圍，普通會因凍結而發生攪拌作用。多數之等寒冷的（isofrigid）土壤，具有年平均土溫在 0℃ 以上，呈嚴寒的的溫度範圍。少數在上部層位之含有機物質者例外，在全部正文內，所有寒冷土壤不具有永久凍結者，皆考慮其為嚴寒的溫度範圍。

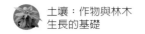

3. 寒冷的（frigid）

寒冷的溫度範圍以及若干下述之其他溫度範圍，主要為利用在定義較低級分類子目之土壤種類上。寒冷的溫度範圍為土壤於夏季時較嚴寒的溫度範圍為溫暖，但其年平均溫度低於 8℃（47°F），且在 50 公分深度處或當土層淺薄時，在土壤岩石接觸面或擬土壤岩石接觸面處，平均冬季與夏季土溫差是大於 5℃。

4. 溫和的（mesic）

年平均土溫是 ≧ 8，但低於 15℃（59°F），且在 50 公分深度處或當土層淺薄時，在土壤岩石接觸面或擬土壤岩石接觸面處，平均冬季與夏季土溫差是大於 5℃。

5. 熱的（thermic）

年平均土溫是 ≧ 15℃，但低於 22℃（72°F），且在 50 公分深度處或當土層淺薄時，在土壤岩石接觸面或擬土壤岩石接觸面處，平均冬季與夏季土溫差是大於 5℃。

6. 炎熱的（hyperthermic）

年平均土溫是 22℃，且在深度 50 公分處或當土層淺薄時，在土壤岩石接觸面或擬土岩石接觸面處，平均冬季與夏季土壤差是大於 5℃。

如果土壤溫度範圍之名稱前冠以 iso 字樣時，則在深度 50 公分處，或當土層淺薄時，在土壤岩石接觸面或擬土壤岩石接觸面處，平均夏季（6、7、8 月）與冬季（12、1、2 月）土溫差為大於 5℃。

7. 等寒冷的（isofrigid）

年平均土溫是低於 8℃，平均夏季（6、7、8 月）與冬季（12、1、2 月）土溫差為小於 5℃。

8. 等溫和的（isomesic）

年平均土溫是 ≧ 8℃，但低於 15℃（59°F），平均夏季與冬季土溫差為小於 5℃。

9. 等熱的（isothermic）

年平均土溫是 ≧ 15℃，但低於 22℃（72°F），平均夏季與冬季土溫差為小於 5℃。

10. 等炎熱的（isohyperthermic）

年平均土溫是 ≧ 22℃，平均夏季與冬季土溫差為小於 5℃。

土壤水分境況（soil moisture regime, SMR）

在未討論土壤水分狀況或範圍等級之前，擬先說明土壤水分控制段或層（soil moisture control section）。此一術語定義之主旨，在方便自氣象資料以估計土壤水分狀況或範圍。目前土壤水分控制或層之定義，規定其上界是對乾土〔張力大於 15 巴（bar），但非氣乾〕施用 2.5 公分（1 吋）水分，在 24 小時內可溼潤之深度。其下界是對乾土（張力大於 15 巴）施用 7.5 公分（3 吋）水分，在 48 小時內可溼潤之深度。唯此深度不包括沿張開至土壤之孔隙或動物孔穴而溼潤之深度。如果 7.5 公分水分可以溼潤土壤至土壤岩石接觸面、擬土壤岩石接觸面、堅膠氧化鐵層、堅膠聚鈣層或硬磐，則岩石或膠結層之上界即為土壤水分控制段或層之下界。如果以 2.5 公分的水分可以溼潤土壤至上述任一接觸面或膠結層，且土壤水分控制段或層中，如果在岩石或膠結層之上界有薄的水膜，則屬溼潤的。如果上界是乾的，則該土壤水分控制段或層即是乾的。

土壤水分控制段或層限度之粗放指引為：如果粒徑等級是細壤質、粗坋質、細坋質或黏質土，則約在 10 ～ 30 公分之間；如果粒徑等級是粗壤質土，則控制段或層約伸延自 20 ～ 60 公分之深度；與如果粒徑等級是砂質土，則為 30 ～ 90 公分。

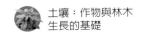
1. 浸水水分狀況或範圍（aquic moisture regime）

係指土壤經常出現飽和土壤水分以上水分狀況，暗示土壤有呈還原的狀況，土壤內實際是缺乏溶解氧。此一特徵當引用至高級分類子目中，常以全土壤皆爲飽水作用的對象。當引至較低分類子目中，則以下層土壤飽水爲依據。

2. 溼潤水分狀況或範圍（udic moisture regime）

在臺灣多數土壤中具有此一土壤水分範圍。此水分狀況之特徵，爲除短期外，其部分但非全部土層，在土溫爲 5℃ 以上時，皆屬同時具有固相、液相與氣相三相系者。即使在多數年度內，土壤水分控制段或層不會有任何部分全年累積乾燥日期達 90 天。蒸發散量大於降雨量的月分少於 3 個月。

3. 乾旱與乾涸水分狀況與範圍（aridic and torric moisture regime）

此處雖有兩種水分名詞出現，但意義上無太大區分，皆是在乾燥地區或沙漠地區出現之水分。其意義爲在土壤水分控制段或層中，全部土壤在植物生長季節有一半以上時間，都呈乾燥狀態，且其部分土層在植物生長季節內，幾乎全年保持水分張力皆在 15 氣壓以上。全年的蒸發散量大於降雨量，乾涸的土壤水分又較乾旱更少。

4. 暫乾（乾熱）水分狀況或範圍（ustic moisture regime）

爲在前述溼潤與乾旱兩者水分範圍之中間境況。土壤中含有限有效性水分，如果各控制植物生長之其他條件適合，則所含水分對重要作物之生長可有甚大貢獻。蒸發散量大於降雨量的月分大於 3 個月。

5. 夏乾冬潤水分狀況或範圍（xeric moisture regime）

係指地中海型氣候，夏季乾燥而期間甚長，冬季冷涼而溼潤。降雨皆發生在冷涼月分，蒸發及蒸散甚小。故降雨能促進土壤化育之過程進行，爲優良冬季牧草生長區。

臺灣地區主要土壤的分布與特性

以下分別說明主要土壤之分布與特性（為了方便比較，新舊土壤分類系統之名稱同時示出，括號內為新土壤分類系統之名稱）：

1. 石質土（新成土）

此乃由母質經由簡單之物理、化學風化作用生成之土壤，通常很淺，含石量超過 50% 以上，排水、通氣良好，唯土層淺肥力低，大都分布於山坡地或森林地之陡峭區，地形不穩定，甚易崩塌，不宜農牧用途，只宜造林、保育。此土壤在新分類系統均屬新成土。

2. 灰壤或灰壤化土（弱育土、極育土、淋澱土）

此乃在低溫多雨之針葉林下，土壤有明顯之灰色層（一般在 5 公分厚度左右）以及其下有一層 2.5 公分以上厚度之暗紅色之淋澱層（此為有機質與鐵鋁化合物之洗入澱積層）。土壤大都生成於高山（1,500 公尺以上）稜線上之較平坦地形區，土壤呈強酸性，肥力貧瘠，大都分布於國有林地上。此土壤在分類上有時可分類為弱育土（化育不明顯），有時為極育土（有明顯黏粒洗入層），但標準剖面則為淋澱土。

3. 暗色或淡色崩積土（新成土）

此乃鄰近高山地區之土壤物質因滾落、滑降、甚至崩塌等位移作用而生成者。新生成者表土有機物多，表層較暗者稱為「暗色崩積土」；堆積時間較久，其有機物已分解殆盡，顏色較淡者，稱為「淡色崩積土」。基本上，土壤剖面沒有化育作用，多發生於山區坡度較緩和的崩積地形上，含石量約 25%，通氣、排水良好，可用作農牧地，但須做好水土保持工作。在新分類上屬新成土。

4. 黃壤（弱育土、淋溶土）

此乃母質經由弱度化育而生成之土壤，有時可因淋洗作用較強而使黏粒明顯

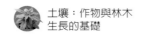

往剖面下層移動，養分（鉀、鈉、鈣、鎂）有的已流失而呈黃、黃棕或紅棕色，且有明顯之土壤構造生成。多生成於丘陵地上之相對地形較安定、坡度起伏較緩和之處。土壤多呈酸性，肥力偏低，須做好肥培管理及水土保持，才可作農牧用地。此土壤在新分類上屬弱育土或淋溶土。

5. 紅壤（極育土、氧化物）

此乃自第四紀洪積層物質，近百萬年來經高溫多雨，乾溼循環交替之條件下，使土壤中之物質淋洗殆盡，僅剩大部分爲鋁、鐵氧化物質者。主要分布於臺灣西部之各個洪積層臺地上，是臺灣最古老的土壤。紅壤土層深厚，一般在 2～5 公尺，有時厚達 20～30 公尺者亦有。土壤構造明顯，通氣、排水良好，物理性質絕佳。唯土壤呈強酸性，肥力差，黏性及可塑性佳，因此生產力差，但配合適當之肥培管理亦可使作物生產達高產量。目前大都種植茶葉、鳳梨、甘蔗等農作物。此土壤在新分類系統下屬極育土或氧化物土，但大都屬前者。

6. 沖積土（新成土、弱育土）

土壤物質經河流沖刷後帶至下游而漸次淤積成固定土壤者，土層起初很薄，愈來愈厚，且時間久了，土層中之顏色亦因人爲耕作有所改變成淡黃色，因此有「新沖積土」與「老沖積土」之稱。此類土壤爲臺灣地區之主要耕地土壤，主要分布於臺灣西部，大都由丘陵地上之砂頁岩沖積生成的，但彰化平原、屏東平原及蘭陽平原則是由中央山脈之黏板岩物質經河流沖積而生成的。臺灣東部之花東縱谷，則是由臺灣中央山脈東部之片岩沖積生成者。此類土壤由於沖積及化育時間不同，因此土壤性質變化及差異很大，例如土層深淺、排水好壞、質地粗細、酸鹼度等均有不同。一般而言，新沖積土在新分類系統上均屬於新成土，而老沖積土在新分類系統上則屬於弱育土。

7. 黑色土（灰燼土、黑沃土、膨轉土）

凡整個土壤剖面均呈現黑色或黑色占大部分者均屬之。唯實際觀察其土壤形態及理化性質時，則可依新土壤分類系統大約分成三類：

(1) 灰燼土（Andisols）：位於臺灣北部陽明山國家公園內之火山灰土壤物質，土壤鬆軟、很輕，有機物多，大都為小團粒，保肥、保水之能力超強，但易受沖蝕，且土壤易缺磷肥且易產生鋁毒害。

(2) 黑沃土（Mollisols）：位於臺灣東部成功附近土壤，土色黑且肥力高，土壤構造為團粒，是作物高產量區之一，在臺灣此類土壤面積很小。

(3) 膨轉土（Vertisols）：在臺灣東部火成岩混同泥岩生成之黑色土，土層深厚，保肥、保水力強，土壤很黏，內部排水很差，在溼時易膨脹，乾時易龜裂，耕性很差，農民很頭痛。此種土壤不能用於蓋房子、建公路等。在臺灣東部之面積亦很小。

8. 鹽土（新成土）

所謂鹽土，意指土壤加水飽和後之抽出液之導電度值大於 2 dS/m（decisiemens per meter）以上者。臺灣之鹽土，主要分布於西部平原沖積土之濱海部分，涵蓋海埔新生地及俗稱之「鹽分地」均是。此地區大都蒸發散量大於降雨量，且海水之地下水位較高或排水不良而生成的。一般而言，在新分類系統上均屬於新成土。

9. 臺灣黏土（弱育土、淋溶土）

此土壤係指臺灣南部地方俗稱之「看天田土壤」，另外若干無固定灌溉水源之超黏重土壤亦可稱呼之。主要分布於雲林、嘉義、臺南、高雄四縣市之西部山麓地帶前沿之低平臺地上，例如臺南市之新營、善化一帶很多。此土壤之土層深厚，質地很黏、很緊密，大塊狀或柱狀土壤構造，有些有黏粒洗入作用，耕性差。其生成背景屬「湖積」過程。在新土壤分類上概屬弱育土或淋溶土（有黏聚層者）。

第三章

土壤的重要物理性質

土壤深度

土壤質地

土壤比重

土壤孔隙

土壤構造

土壤結持度

土壤通氣

土壤顏色

土壤溫度

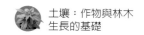

　　控制土壤各種物理性質的基本因素，爲組成土壤中的固體粒子；固體粒子中的有機質部分，因爲在礦物質土壤中所占有的比例較小，一般的農田土壤均在 1～5% 左右，就物理性質而言，影響不如礦物質粒子來得深遠。因此一般僅考慮土壤中砂粒、坋粒與黏粒分布的相對百分率或構成土壤物質粗細的程度，簡稱爲土壤質地（soil texture），與各種大小土粒之排列，以組成粒團（aggregates）或相互接合的情形，簡稱爲土壤構造（soil structure）兩者。土壤因質地與構造的不同，總體密度（bulk density）、孔隙度（porosity）與大小孔隙的分布（pore size distribution）也會有不同，結合這些重要的物理性質，會進一步影響到土壤的保水與排水的能力、通氣的程度、土壤固體粒子供給養分的能力、團粒的作用（granulation）及其安定性、耕作的難易程度、沖蝕的難易程度與植物根群伸展的難易程度等。

土壤深度

　　土壤深度可分爲兩種：絕對或物理深度與生理深度。絕對或物理深度（absolute or physical depth）是指覆蓋於堅硬岩石上的土壤總深度，不論其中是否有能夠阻礙植物根分布之層次存在，且在森林土壤中還可包括疏鬆之岩石風化層〔稱爲風化層（weathered layer）〕。生理深度（physiological depth）僅指土壤上部可讓植物的根伸展與分布的有效深度。一般所謂的土壤深度，是指土壤生理深度，而且常特別指出是 A 與 B 層的總深度，但是對於森林或其他的深根植物來說，有時仍可將部分的 C 層一併加入。

土壤質地

　　土壤質地（soil texture）可定義爲「土壤中大小土粒組含量之比率」，表示組成土壤之土粒的粗細程度。習慣上，並不包括直徑大於 2 公釐的粒子。此並非說直徑大於 2 公釐的土壤粒子並不重要，而是說，直徑小於此長度者，更能決定土壤的其他性質，例如水的貯留與移動、土壤的通氣與肥力等方面。土壤質地在理論研究上與實用上均有其重要價值，土壤質地之判斷依據，有賴於機械分析之

結果。土壤機械分析（mechanical analysis），通常也稱之為粒徑分析（particle size analysis），目的在測定土壤中所含有各種大小個別或原始土粒（individual or primary soil grains）的數量，藉以正確估算每一土粒組之原始土粒所占的相對百分比，作為決定土壤質地的基本資料。土壤質地與土粒的總表面積有關，藉此可以解釋很多與土壤管理作業及生產力上有關的現象。常用的粒徑分析有吸管法（pipette method）與鮑氏比重計法（Bouyoucos hydrometer method）兩種，都是根據土粒在水中（懸浮液中）沉降之速率不同而設計。詳細之質地等級名稱，依據美國農部《土壤調查手冊》（USDA Soil Survey Manual）共有二十餘種。但基本土壤質地僅有十二種，如下圖。下圖為美國農部所制定的質地三角形圖，該圖為一等邊三角形，在圖中，砂粒、坋粒與黏粒三者的百分比總和，在三角形中的任意一點皆為 100。另外，可將基本質地等級進一步歸類。

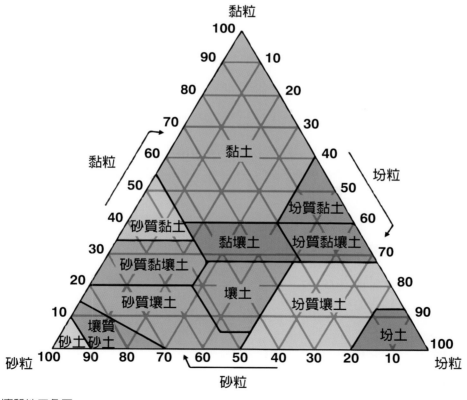

土壤質地三角圖

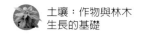
基本土壤質地等級與進一步歸類後的名稱

基本土壤質地等級	五級化	三級化
砂質土（sand, S） 壤質砂土（loamy sand, LS）	粗質地土壤 （coarse-textured soils）	砂質土 （sandy soils）
砂質壤土（SL） 細砂質壤土（fSL）	中粗質地土壤 （moderately coarse-textured soils）	壤質土 （loamy soils）
極細砂質壤土（vfSL） 壤質土（L） 坋質壤土（SiL） 坋質土（Si）	中質地土壤 （medium-textured soils）	
黏壤土（CL） 砂質黏壤土（SCL） 坋質黏壤土（SiCL）	中細質地土壤 （moderately fine-textured soils）	
砂質黏土（SC） 坋質黏土（SiC） 黏質土（C）	細質地土壤 （fine-textured soils）	黏質土 （clayey soils）

以下簡述七種土壤質地的室外檢定判斷：

1. 砂土（sand）

砂土為疏鬆單粒狀土壤，單獨土粒用肉眼可以見及，又可以感覺得到及察知。乾燥時如握於手中，接著將手掌放開，可見到土粒散開。溼潤時握於手中，可使成塊狀，但接觸外物時甚易被破壞。

2. 壤質砂土（loamy sand）

壤質砂土常較砂土含有稍多量之坋粒與黏粒。溼潤時握於手中，可形成較為安定之土塊。

3. 砂質壤土（sandy loam）

此質地土壤含砂量仍頗高，單獨粒子之砂粒，可以肉眼察出，也可以手指測知，

但含有稍多量之坋粒與黏粒，足以使其表現有若干之黏性。乾燥時以手握之，可能成塊，但結合力不強，易於破壞。溼潤時以手握之，所形成之土塊可以輕輕碰觸，也不至於破碎。

4. 壤土（loam）

含有約略相等量之砂粒、坋粒與黏粒。其性質鬆軟而有若干砂性的感覺，但表面相當光滑並具有塑性。乾時以手握之可以成塊，輕輕碰觸亦不會破碎。在溼潤時握成之土塊，隨時碰觸，也不會輕易破碎。

5. 坋質壤土（silt loam）

此為土壤中具有一半以上為坋粒，中量之細粒砂與少量之黏粒。乾燥時可結成塊，但易破碎，土粒以手感覺之，有柔軟而似麵粉之感覺，其乾或溼潤時作成之土塊，雖隨時碰觸亦不易破碎，但於溼潤時以手搓捻，不能做成細條（ribbon），而只能捏成「扁平狀」。

6. 黏質壤土（clay loam）

此為質地細緻之土壤，土壤破碎後形成大小不等之土塊，乾則甚硬，溼潤時則有塑性，容易黏著他物之上。當其溼潤時，以手搓捻可作為細條，但不能支持自身重量而破碎。如做成土塊時，雖稍用力碰觸，亦不致被破壞。

7. 黏土（clay）

此質地土壤組織甚密，乾時常結成極硬之土塊，塑性甚強，溼潤時有黏性。溼土在手中搓捻，可作為長而易彎曲之細條。但也有例外，即有少數幾種之黏土，在任何水分含量情形下，做成細條皆易被破壞而缺少塑性者。

另外，需要進一步補充的是，在野外的情形下，尤其在林地，常可發現礫石、卵石、石片、石塊等夾雜於土壤中，如所含之量足以影響土壤性質或實用目的者，則應於某質地土壤名稱之前冠以礫質或石質（gravelly 或 stony）以表示其性質，例

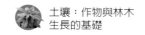
如礫質砂質壤土、石質黏質壤土等。當該物質中含有 20～50% 之礫時，則於質地
名稱前冠以礫質兩字（如礫質黏壤土），或當土壤中有 50% 以上之礫（2～76 公
釐），則冠以富礫質（very gravelly）字樣。其他粗粒物如卵石（cobbles，直徑 7.6～
25 公分）與石塊（stones，直徑大於 25 公分）之含量，如達前述規定之比率，亦
冠以類似之詞。

土壤比重

比重因測定的方法不同，可分為兩種，即眞比重或土粒比重與自然比重或容積
比重。茲分述如下：

1. 眞比重或土粒比重（real specific gravity or real density）

為土壤固體部分之重量與其所占之眞容積之比。一般礦物質土壤的眞比重約為
2.6～2.7，因此以 2.65 為代表。眞比重常受到所含有之礦物種類與有機質存在量
多少而有變化。在礦物質方面，如重金屬含量多時，其眞比重可超出 2.7；相反的，
如土壤中有機物含量多時，其眞比重可低於 2.6。有機質土之眞比重，只有 1.5～
2.0。

$$眞比重 = M / V_s$$

M = 乾土重
V_s = 土壤固體部分之容積

2. 土壤的自然比重或土塊密度、總體密度、容積比重（apparent specific gravity or bulk density）（Mg/m^3）

為土壤在自然狀態下所占容積（包括土壤固體與孔隙容積）與土壤固體部分之
重量比。土壤之容積比重常較眞比重為小，除非土壤孔隙等於零時，兩者才相等，
但事實上這是不可能的。土壤容積重量之大小常受 (1) 眞比重之大小與 (2) 土壤構

造這兩種因素影響。自然比重或土塊密度可受土壤構造、耕作、鎮壓、踐踏，以及影響真比重各因素之影響，其測定必須以自然田間狀態下土壤容積為標準，且在任何情形下，自然比重或土塊密度總比真比重為低，因為在測定時，容積量包括有孔隙量在內。土壤容積重一般如次：腐植質 0.3 ～ 0.5、壤土 1.1 ～ 1.5、砂土 1.3 ～ 1.7 與黏土 1.0 ～ 1.3。假設水的密度為 1，則可以下述簡式表示：

自然比重或土塊密度 = $M_s / (V_{s+l+a})$

M_s = 乾土重

V_{s+l+a} = 土壤固相、液相與氣相之總容積，故亦有稱之為總體密度

　　如果將表土之容積重與心土相比較，則心土常較重於表土，因為心土中的有機物含量少，根孔少，加之黏粒及鐵鋁氧化物等可能從表土下移而沉澱於心土中，因此心土緊實，故容積重較大。

　　土壤真比重與容積重之圖解與計算如下：

假設田間狀態下某土壤 1 立方公分如下圖：

假設左圖土壤中的固體部分壓縮至底部，則此立方體如下圖：

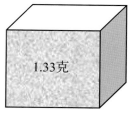

固體與孔隙

1.33克

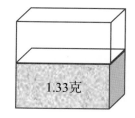

1/2 空隙
1/2 固體

1.33克

計算土壤中之容積重：
容積=1 立方公分
重量=1.33 克
容積重=烘乾土重 / 與田間自然狀態土壤固體同容積之水重
因此容積重=1.33 / 1=1.33

計算土壤中之真比重：
容積=0.5 立方公分
重量=1.33 克
真比重=烘乾土重 / 與烘乾土壤固體同容積之水重
因此真比重=1.33 / 0.5=2.66

▌土壤真比重與容積重之圖解與計算範例

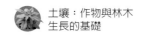
在此須加說明，在土壤學上比重與密度兩詞常混用，因在公分—克—秒單位制（centimetre-gram-second system，故常簡稱 CGS 制）中，兩者數值相同，僅比重沒有單位，密度的單位為克／立方公分（g/cm^3）〔常用百萬克／立方公尺（Mg/m^3）〕。

土壤孔隙

土壤孔隙（soil pore space）係指自然土壤中未被固體物質所占據的部分。土壤風化作用或基岩與未固結地質物歷經歲月，最終的效應便是孔隙度的提升。土壤中大小孔隙的分布會影響土壤的通氣性、保持有效水分的量、植物有效養分的轉變與貯藏、種子的發芽與出土，及缺苗或缺株現象發生的頻率，又會影響植物根系的發育、地下塊根與塊莖的肥大及支撐植物地上部分的能力，因此極為重要。土壤孔隙占全土壤體積之百分比常稱之為孔隙度（porosity）。由於孔隙度占著重要的地位，土壤有時可稱為「孔隙的配置體」。孔隙的大小變異性極大，最小的孔徑僅有數微米（μm），存在於黏粒之內或之間，大孔隙的直徑可達數公分寬，常是由大樹的根群穿成或土壤動物鑽通的孔道。凡能影響土壤結構的因素，即使不見得會影響土壤的總孔隙度，也都會改變孔隙的大小與配置情形。若要研究土壤孔隙空間時，必須採用未經破壞的土壤樣品，或在田間實地進行方可，因為破壞或經擠壓的土壤樣品，原有的孔隙空間會遭到巨變。

土壤孔隙度的測定，往往都是測定下列一項或多項：

1. 總孔隙度（total porosity）

土壤總孔隙度深受土壤結構的影響，故總孔隙度不但因土壤深度不同而改變，亦因季節而改變。

2. 孔隙分布（pore space distribution）

兩種土壤的總孔隙度可能相同，唯兩者孔隙大小的分布狀況可能相差很大。其中某土壤的孔隙可能由小孔隙組成，而另一種可能只由數個大孔隙組成。

3. 孔隙內空氣與水的相對量（relative amounts of air and water in pores）

即使為時短暫，土壤空氣與水仍可能產生極大的變化。對植物生育而言，土壤孔隙的重要性可能僅次於土壤空氣與水的相對量。

土壤總孔隙度的最常用測定法是將已知容積的取樣筒，用力往土壤壓下，及至所取的土壤完全進入取樣筒。唯在取樣過程中，不得將土壤壓實，務必避免改變土壤的原形。取樣筒的土壤樣品再置於 105℃ 烘箱中，烘至恆重。秤得烘乾（oven dry）後，以單位容積的烘乾土重表示之。所計算得的商稱為土樣的假密度（apparent density）或容積密度（bulk density）。如果這時該土壤的固體密度比重瓶（pycnometer）測得，則該土樣的總孔隙度容積可經由計算方法求得。例如：

設某土壤的烘乾重為 125 g，取樣筒容積為 100 cm³，則容積密度為 = 125 / 100 = 1.25 g/cm³。若干土樣的土粒密度為 2.65 g/cm³，則取樣筒內固體土粒的容積 = 1.25 / 2.65，土樣內非固體空間為 (2.65 − 1.25) / 2.65。上述的計算通式可書寫為：

$$孔隙度（P\%）= \left(1 - \frac{容積密度}{土粒密度}\right) \times 100$$

即如上述粒子，該土樣的孔隙度為：

$$P = \left(1 - \frac{1.25}{2.65}\right) \times 100 = 52.8\%$$

如欲求得孔隙內空氣與水的比例，其計算方法亦極類似，唯在田間取樣時，必須謹慎，切勿逸失土樣中的水。先求得土樣的鮮重，再烘乾土樣。新鮮土樣與烘乾土樣之重量差即其含水量。並假設水之密度為 1 g/cm³，並利用上例資料，若設該土樣之鮮重為 142 g，則含水量為 142 − 125 = 17 g，或相當於 17 cm³。故總容積（100 cm³）中有 17 cm³ 為水容積，剩餘為空氣所占之容積則為 52.8 − 17.0 = 35.8%。故該土樣的三組分別為固體 47.2%，水 17.0%，空氣 35.8%。

如果土壤含有石塊及許多木質根群，即可勉強利用金屬圓筒法求得容積密度

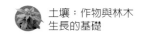
與孔隙度，但亦困難重重。此時可改用其他方式測定，即挖出任意不規則容積形狀的土壤，測定其鮮重及爐乾重，再將該空穴用已知容積的物質（如均勻的乾砂）回填。另一方法為改用薄的塑膠布襯於穴內，注入可測知容積的水。也可利用掘起一個自然結構的土塊，經過一系列在空氣中與石蠟中的秤重步驟，可求得土塊的容積密度、真密度、孔隙度、空氣與水所占的容積。利用 γ- 射線亦可求得土壤的含水量及容積密度，但是步驟繁雜，設備昂貴。利用長圓筒技術求得容積密度及總孔隙度是一種便捷與簡易的方法，可測定動物、人類或機械對土壤可能造成的密實作用（compaction）。

一般而言，砂土之孔隙度在 30 ～ 40% 之間，黏土之孔隙度在 50 ～ 60% 之間，有機質之孔隙度在 70 ～ 80% 之間。由此可見粗質地土之孔隙度較小，細質地土之孔隙度較大，有機質之孔隙度最高。森林土壤是愈往深處，容積密度逐漸增加。故土壤的總孔隙與土壤深度有相逆的關係。亦即在表土層最大，隨深度而遞減。容積密度隨深度的改變趨勢可反映表土的有機物含量亦最高，同時有機物的容積密度遠較礦質土低得多。在土壤進行風化作用的同時，靠近地表土壤的土壤微生物及根群亦活躍，促使土壤團粒更加發育成形與增加土壤的孔隙度。

依孔隙的大小，可將孔隙區別為非毛管孔隙與毛管孔隙（兩種孔隙之劃分並無明顯之界限）：

1. 非毛管孔隙

代表不表現毛管作用的大型孔隙（macro-pores），但對土壤的排水與通氣提供了重要的貢獻。一般言之，大型土壤孔隙內之水分與空氣可以自由流動。自總孔隙容積中扣除田間容水量時之水分容積，即為非毛管孔隙的近似值。

2. 毛管孔隙

為小型孔隙（micro-pores），植物可利用的水分主要靠此類孔隙所保持。其近似值可以田間容水量時所含有之水分，以容積百分比表示。

砂土中孔隙皆屬大型者，因此空氣與水分流動暢通。黏土中孔隙多屬小型者，

故水分與空氣流通之程度，遠不如砂土。最適於植物生長之土壤孔隙度，需約在 50% 左右，且此 50% 之孔隙度中，水分與空氣約各占其半，水分稍多，空氣稍少。

土壤構造

　　土壤內的原生土粒（primary particles）以單粒存在的情況不多，往往以團粒狀或許多單粒緊貼在一起的方式。此情形尤見於含黏土量與（或）有機物高的土壤。土壤中尚有其他各種化學成分，可視為土壤粒子的膠結劑。每一類型的團粒（aggregate）稱為土團（ped），是自然作用下形成的一個土壤結構單位。土壤的原生粒子經過各種組合方式與配置下，構成各種土團，而土壤構造則由各種土團構成。

　　土壤構造（soil structure）係土壤粒團聚排列之情形。因由排列方式之不同，乃有各種不同外觀，產生各種不同之構造名稱。土壤構造常可影響土壤之物理、化學性質及植物之生長，故為一種極重要之土壤物理性質。土壤構造又可控制土壤水分之移動、水分之貯存、排水、溫度的變化、通氣的情形、耕作的難易及根群之發展。其改進對策常利用施用有機肥料、石灰、土壤改良劑（soil conditioners）與適時耕犁等方法。

　　土壤構造之分類，常根據三種原則，即：外形及排列、大小、明顯及安定性。在評估土壤構造時，尤其應說明土團的尺寸（size）、外形（shape）、配置（arrangement）及明晰度（distinctness）。在同一土壤內，常可同時有兩種或兩種以上構造存在。又在觀察記錄時，除按其外觀而給予適當名稱外，更應附記其大小。若原生土粒分散而不團聚，則稱為無結構（structureless）土壤，無結構土壤的原生粒子可能為單粒如散砂，可能成壁狀（塊狀，massive），如堆積的未風化物，這種情形常見於黏土。土壤構造的類型一詞多根據其團粒的幾何性而分門別類，一般常用之名稱如下：

1. 單粒構造（single）

　　土壤粒皆分散而成單粒狀，亦即無構造。

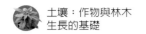
2. 碟狀構造或板狀構造（plate-like）

常為平面之成層狀。此土團呈水平順向配置，具水平面。若土團呈薄片狀，則稱為薄片（laminar）結構。

3. 稜柱狀構造（prism-like）

土團依縱軸順列，故土粒乃順縱軸配置。各面皆呈平坦面，包括柱狀及稜柱狀兩種，柱狀構造之頂為圓頂（圓柱狀，columnar），稜柱狀構造為平頂（角柱狀，prismatic），但兩者土粒之排列方式皆為沿垂直方向延長。

4. 塊狀構造（block-like）

土團內的原生粒子朝某中心點配置，故土團是等軸狀（isometric）。土團的表面或邊多呈扁平或曲面狀，包括（稜）塊狀及核粒（亞稜塊）狀構造，兩者均略顯立體狀態，但（稜）塊狀各面較為顯著，核（亞稜塊）狀則各面不平而近似圓形。

5. 團粒構造

皆呈圓球狀（spheroidal）。此團粒的表面呈圓形或不規則面，但是大體而言是等軸的。球狀團粒若為多孔時，則稱為屑粒狀（crumb），若非多孔者，稱為團粒狀（granular）。在有機物含量豐富之土壤中常有此種構造。最適於植物生長之構造，在林區表土中常見。

代表性土壤構造的定義

構造名稱	定義或一般描述
屑粒狀（crumb）	接近球形，粒團體積小，內部孔隙多，與相鄰的粒團不互相連接。
團粒狀（granular）	近球形，粒團體積較屑粒狀稍大或同大，內部孔隙較少，與相鄰的粒團不互相連接。
碟狀（platy）	碟狀或薄板狀，常有多層重疊，滲透性弱。

（續下頁）

構造名稱	定義或一般描述
稜塊狀（angular blocky）	又稱核狀（nutty），稜塊形土塊，與其他粒團的接觸表面具有銳角，各軸長度不等。
亞稜塊狀（subangular blocky）	又稱小核狀（nuciform），較小稜塊形，與其他粒團接觸面具有平滑而彎曲之面，常構成土塊集合體。
稜柱狀（prismatic）	柱形，頂部非呈圓形，常與其他稜柱狀粒團形成土塊集合體，破壞時常呈稜塊狀。
柱狀（columnar）	柱形，頂部呈稜柱狀，側面與鄰接之柱狀粒團接觸形成土塊之集合體。

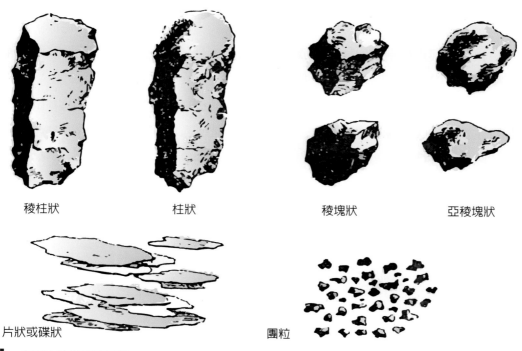

稜柱狀　　　　　　柱狀　　　　　　　稜塊狀　　　　　亞稜塊狀

片狀或碟狀　　　　　　　　　　團粒

主要土壤構造之形態

　　分類土壤結構時，土壤常常有一個明顯的結構特徵。有些團粒離開土壤時，仍能保持原有的明晰度（distinctness），而有些結構造形不甚穩定，容易破裂。描述團粒作用的明晰度強弱，稱為結構級（grade）。結構級分成三級：

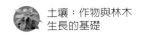
1. 弱（weak）

係表示土壤粒團（自然土塊）在原處可以看見，但不能以保持不被破壞之狀態而被移出。土壤中土團之結構發育尚居雛形階段。

2. 中等（moderate）

若自然土塊可自剖面中移出，並可放在手上觀測時稱之。土團結構雖然明顯，唯自土中取出時，小部分會破裂成小片。

3. 強（strong）

若自然土塊可自剖面中移出而放在手上觀測，且在手上感覺到土塊是堅硬與堅結者屬之。土團結構明顯，自土中取出後，仍然不改變原形者。

土壤結構級之強弱，多視檢定當時的土壤水狀況而異。是故，結構並非土壤的一個穩定性質，深受檢視時期的影響。然而，土壤團粒的穩定性相當重要。尤其是表土的團粒，因為表土要承受雨滴的衝擊力及耕耘作業的撕裂破壞，土壤結構非得要堅固，始能保證土壤孔隙系統穩定，進而土壤水與空氣的移動順暢，植物生育才能旺盛，表土沖積亦將降低。

土壤結構的發生是土壤受物理與化學變化的結果，這種變化多與生物因素有關。下列為結構發生的主因：

1. 化學反應

土壤的黏土表面會附著陽離子，此陽離子可影響團粒作用的程度與穩定性。潮溼黏土上的主要陽離子為單價的 Na^+ 時，則黏粒呈絮散狀態，但是若為雙價陽離子如 Ca^{2+} 等，則可形成較穩定的團粒。其他如水化離子與鋁氧化物，有時並與若干有機物結合，均能將土壤粒子膠結成團粒。塊狀與柱狀團粒常含較高的黏土量，其外常裹有黏土或稱黏粒膜（clay skin）。黏粒膜的形成是土壤水帶動黏粒，經過再沉澱作用而產生。團粒外有黏粒時，外表常呈平滑，帶有光澤。

2. 有機物與土壤生物

有機物往往會促成團粒作用。腐植質的置換量多較高，故其置換位置（exchange site）能維繫離子的量亦較多。表土的枯枝落葉與土壤本身內的根群及其分泌物多可增加土壤有機物。根系表面附近的土粒常會發生團粒作用。雖然這種團粒作用是否涉及根群存在，還是更可能與根群附近微生物活動有關，尚未得到佐證。土壤中尚有許多形體比較大的動物，如蚯蚓（earthworms）、千足蟲（millipedes）、節肢動物（arthropods）等會粉碎有機物，事實上，團粒有時為其排泄物穢物。而各種微生物又群集於穢物上。土壤中的細菌、放射菌、真菌分泌的膠脂（gums）與樹脂（resins），將原生土粒維繫相聚，或者真菌絲的機械性「網結」效應亦會引發團粒作用。不論生活或死亡的有機物，均有促進礦質土壤發生結構的功效，尤其在調查林牧土壤剖面時，更為明顯。

3. 土壤乾溼交替循環

更具團粒作用的效果，尤其是土壤中的黏土礦物會隨水量變化而增減其容積者。

4. 土壤凍融交替循環

最易破壞大型土壤團粒。無定形壁狀結構物質，裸露後受風化作用的侵蝕，亦會引發雛形團粒結構。

土壤結持度

土壤結持度（soil consistence）是指土壤粒子間之相互吸引或結合狀態能抵抗外力破壞或分散之力量，或造成自然土塊或粒團之力，或自然土塊抵抗外力之破裂（rupture）或變形（deformation）的性質，與土粒間結合力量的強度與性質有關。土壤結持度的描述多以比較性等級的方法表示，常依照水分含量的不同而用不同的形容詞。土壤結構與水分之含量極有關係，故需附記水分狀態。又與土壤之內聚

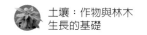
（cohesion）及塑性（plasticity）頗有關係。

　　土壤的結持度往往與質地級有關，例如在乾燥狀態下，砂土為鬆結持度，而黏土為硬結持度。此時若注入水，砂土的結持度仍然為鬆，而黏土則轉為密實。若土壤變得更溼，則黏土的結持度變為具黏性與塑性（plastic），而潮溼砂土則無黏性與無塑性。

土壤結持度之描述

水分含量	定義	等級
溼土（wet soil）	土壤水分含量大於或同田間容水量（field capacity）之水分時。	黏性：無黏性（non-sticky）、微黏性（slightly sticky）、黏（sticky）、強黏性（very sticky）。 塑性：無塑性（non-plastic）、微塑性（slightly plastic）、可塑性（plastic）、強塑性（very plastic）。
溼潤土（moist soil）	土壤水分含量在風乾與田間容水量之間。	鬆散（loose）、甚易碎（very friable）、易碎（friable）、密實（firm）、甚密實（very firm）、極密實（extremely firm）。
風乾土（air-dry soil）	土壤水分含量低於田間容水量，土塊為氣乾狀態。	鬆散（loose）、軟（soft）、微硬（slightly hard）、硬（hard）、甚硬（very hard）、極硬（extremely hard）。

土壤通氣

　　土壤通氣（soil aeration）可指示土壤供給氧氣之能力或程度，多數土壤空氣存在土壤孔隙之未被水分占據部分，以游離狀態存在，但亦有少量係吸著於土粒表面與溶解於土壤水分中。土壤空氣中 CO_2 含量在植物生長季節中，由於微生物之活動及植物之生長關係，變異性甚大，但此亦與土壤及氣候情況有關。在成分上的變化是由土壤空氣與大氣交換的速率而決定，交換方式主要依賴擴散（diffusion）。

1. 土壤通氣的適合狀態

(1)一般言之，對作物生長之適合情況，為當土壤孔隙約有 1/2 量為空氣占據，1/2 量為水分占據時最適合。普通對旱田作物生長之最適宜情況，為當土壤內孔隙有 1/3 被空氣占據，而 2/3 被水分占有時。

(2)土壤空氣之擴散速度依質地與構造而有不同，但與單位面積所有之孔隙被空氣占據量成比例，設空氣容積減少一半，則自土壤中以擴散 CO_2 至空氣中之速度可減少至 1/4。此點甚值得注意。

2. 土壤通氣不良對植物生長的影響

(1)土壤通氣不良，可使土壤中 CO_2 發生聚積，O_2 減少，因而危害植物生長。

(2)會產生過多的還原態鐵與錳（Fe^{2+}、Mn^{2+}），對植物產生不利影響。

(3)引起硝酸還原損失，減少植物養分。據過去研究，當土壤水分飽和百分率（percentage of water saturation）在 60% 時，氨化作用（ammonification）與硝化作用（nitrification）最強盛。水分飽和百分率在 70% 時，氮素固定作用（nitrogen fixation）最烈。

(4)可停止對高等植物生長為必需的細菌作用。

(5)可使植物不能獲得適當量之必需礦物元素。

(6)可減少根毛之數量，此為植物主要吸收養分與水分之器官。

(7)引起植根分泌之有毒物質（toxic substances）與有機質在不通氣情形下分解產生之有毒物質聚積。

3. 改善土壤通氣的方法

在一般農地與森林苗圃中有下列辦法可行，即：

(1)排水：此為基本改良土壤通氣方法之一。

(2)施用有機物：可增加土壤孔隙，促進排水，提高土溫，因而可收改良通氣之效。

(3)客砂：當黏重土壤鄰近有砂土，可利用客砂辦法，以改良土壤之通氣與排水性質。

(4)耕耘：可輕鬆土壤，增加土壤空氣容積。

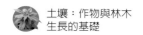

(5)輪耕：使深根、豆科及非豆科綠肥與苗木等按一定計畫栽培。

(6)苗木栽培法：如利用高畦以種植苗木。

(7)施用土壤改良劑：目前已有各種土壤改良劑，施之於土壤後，可促進生成團粒，進而改進土壤之通氣與排水。

(8)施用石灰：亦可促成土壤構造改善。

土壤顏色

　　土壤顏色（soil color）可反映出土壤的性質與肥力，白色主要由淡色礦物如石英、長石、白雲母等造成，紅色主要由赤鐵礦（hematite, Fe_2O_3）與水赤鐵礦（turgit, $2Fe_2O_3 \cdot H_2O$）等影響，黑色則主要由有機物、錳化合物等生成。其他尚有鐵在低價時常為藍綠色之染色劑，在高價而含水多時〔如褐鐵礦（limonite, $2Fe_2O_3 \cdot 3H_2O$）、黃鐵礦（xanthosiderite, $2Fe_2O_3 \cdot 2H_2O$）、針鐵礦（gothite, $FeO_3 \cdot H_2O$）〕則為黃色至棕色之著色劑。

　　土壤顏色的表示普通採用孟氏土壤色帖（Munsell soil color charts），其基本符號為色彩（hue）、色值（value）與色度（chroma），三者的組合即代表顏色指定名稱（color designation）。色彩（hue）的標記為主要的彩虹（rainbow）或光帶（spectral）顏色，縮寫字母分別以 R 代表紅色、YR 代表黃—紅或橙色、Y 代表黃色等；同時在這些字母之前加上 0 ～ 10 的數字，依照色彩變向更黃與減少紅色成分而數字增加。色值（value）係表示顏色的相對明亮度（lightness），數字自 0—代表絕對黑色（純黑），至 10—代表絕對白色（純白）。色度（chroma）為某一光帶的強度或相對純度或飽和度（saturation），隨灰色程度減少而增加，數字亦自 0 開始，代表中性灰色（neutral gray）並定量增加直至最大數值約為 20（在土壤方面並無此色度）。在絕對之純色度的顏色（如純灰、純白與純黑），僅有 0 色度，並無色彩，常用 N（neutral）代替色彩指定名稱。

孟氏土壤色帖（封面）

孟氏土壤色帖內頁（包含多種色彩，以活頁方式排列）

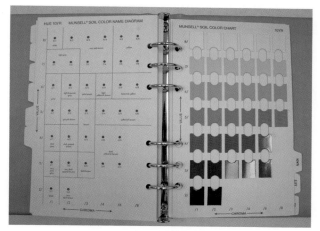

孟氏土壤色帖的參照，以色彩（hue）10YR 為例，X 軸為色度（chroma），Y 軸為色值（value），圖左邊為對照的實際顏色，右邊為在 10YR 色彩之下，色值／色度組合後的顏色名稱

土壤溫度

土壤溫度（soil temperature）之重要在於影響土壤物理、化學與生物學之作用。土壤溫度之主要來源為陽光，小部分來自地殼內部與生物、化學作用產生者。土壤溫度的變化，可自分布於凍原或冰沼地帶，在很淺的深度內，即終年結冰或永續凍結（permafrost），至熱帶露（裸）地（bare soil）之表土，其白天的溫度很少有低

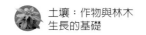
於 40℃。土壤溫度不僅可影響種子發芽、苗期生長、根系發育，及營養部分之發育與成熟，且對於土壤之物理、化學與生物學性質等，都有深刻的影響。大多數主要農作物與森林植物之種子發芽適合溫度約在 20℃ 左右或以上；而絕大多數農作物與森林植物之根在 0℃ 以下時停止生長，2 ～ 4℃ 時開始生長，但相當緩慢，7℃ 左右也會妨礙根系生長。植物之營養生長多數約自 5℃ 開始緩慢生長，隨溫度上升而生長增加直至 21 ～ 32℃ 左右，溫度再高又對生長不利。

1. 影響土壤溫度升降的外在因素（external factors）

主要有：

(1) 緯度與高度（latitude and altitude）。

(2) 方位與坡度（exposure and slope）。

(3) 土壤之生物覆蓋（living cover）。

(4) 土壤之非生物覆蓋（nonliving cover）。

2. 影響土壤溫度升降的內在因素（internal factors）

主要有：

(1) 比熱（specific heat）：比熱係指升高單位重量（gram）或容積（c.c.）物質之溫度 1℃ 時所需之熱量（calorie）。自植物生態而言，以容積為單位，在實用上較重要，茲舉一例如下：

物質	比熱（重量單位）	比熱（容積單位）
砂土	0.191	0.292
黏土	0.224	0.233
腐植質	0.443	0.165

(2) 熱之傳導（conductivity of heat）：影響熱之傳導因素，在土壤中有機質含量、質地、容積重、孔度、水分含量、礦物成分與石塊含量等。一般有下列關係，即空氣 < 腐植質 < 土壤礦物 < 水。

(3)顏色（color）：土色可影響熱之吸收與輻射。暗色土壤為較熱體（absorbers），亦為較佳之放熱體（emitters）。土色之影響於土溫，乾時較大，隨水分含量之增加，顏色之影響即減少。

(4)水分含量（moisture content）：一般改變水之形態，其吸收熱與釋放熱有下列現象。

吸收熱	釋放熱
固體 → 液體	液體 → 固體
固體 → 蒸氣	蒸氣 → 固體
液體 → 蒸氣	蒸氣 → 液體

在土壤情況時，溼潤土溫度常較低，故稱之為冷土（cold soils）；乾砂溫度易於提高，故稱之為暖土（warm soils）。

第四章

土壤的重要化學性質

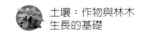
　　土壤化學是著重土壤的本質、化學組成、性質及反應的科學。土壤的化學組成大致可反映形成土壤的地質起源。發育自石灰岩的土壤，有含鈣（或者包括鎂）量高的特質。但是母質的礦物狀態往往可能受到物理風化作用及搬運物（如冰、風或水）而改變。冰川堆積的冰磧物（till）常是礦物屑與岩塊的混合堆積物，而此混合堆積物受到風力與水力的搬運，則堆積物的粒徑與粒子密度有淘選的現象。就土壤本身而言，風化作用參與的反應物與其所導致的風化產物，是土壤化學探討的重心。

　　土壤化學性質的測定牽涉到化學技術及步驟。其方法雖無定則可循或經過挑選而產生的，可是所獲得的結果卻是用來檢定土壤的許多性質，同時又可藉其中一項或數項化學性質的強度來區分各種土壤。由於土壤是動態的，因此，要考慮分析方法及土壤的變異度，再謹慎地思考所測定土壤化學性質如何解釋。測定土壤化學性質所得到的數據亦僅代表某特定時期下的特徵，例如在某選定的兩土層比較其含磷量時，常認為含量較高者為富磷層。但是以植物根群的攝取磷量而言，比較關鍵的因素應是磷的有效供應率，而非某時期的絕對量。因此，應逐漸著重土壤化學性質上的反應率與反應量，而非靜態的化學性質。

　　土壤由很多化學成分所組成，從最簡單鹽類到複雜的無機、有機化合物都有。化學反應常是連續動態的，因此土壤的化學組成分是經常改變的。土壤的化學組成分，以含有各種元素的百分比來表示的方式，早在百餘年前即已開始研究，但由於土壤與植物營養相互知識的累積、基礎學科的進步、分析技術的改進、新式儀器的發展等，都引導研究者對土壤膠體物質的重視，以及對土壤化學性質觀念的改變。土壤化學性質之重要，涉及土壤化育（soil genesis）與土壤物理及生物學性質。本章節僅選擇與植物生長有關者加以討論。

土壤膠體

　　土壤中影響物理化學性質最主要的成分為膠體（colloid）。膠體依其性質而分類，可分為有機膠體與無機膠體。有機膠體為有機物經分解後造成之有機複合物（organic complex），即所謂之腐植質（humus）。無機膠體主要指黏土礦物（clay minerals）及若干之無定形物質。黏土礦物又依其組成分可分爲兩類：(1) 層狀矽酸鹽類礦物，通常在溫帶土壤中的比例較高，其矽／鋁比較高;(2) 鐵與鋁之氫氧化物，常存在於熱帶及亞熱帶土壤中，矽／鋁比較低，常可與鋁矽酸鹽類礦物混合存在。土壤膠體在土壤學上日漸重要之理由，是因爲在理論方面，爲探討土壤化育與分類極重要之性質；在實用上，爲控制土壤肥力的主要因素。

土壤粒子的粒徑上限爲 2 mm，而黏粒不論在國際或美國農部皆規定爲小於 0.002 mm（即小於 2 μm）。眞正膠體粒子的粒徑約爲 0.1 μm，因此現今有將粒徑在 2 ～ 0.2 μm 之粒子稱爲粗黏粒（coarse clay），粒徑小於 0.2 μm（亦有規定爲小於 0.1 μm）者稱爲細黏粒（fine clay），細黏粒較常歸入膠體行列中。

1. 土壤無機膠體

主要指細黏粒部分，以黏土礦物爲代表，幾乎全部是次生礦物（secondary minerals）。土壤中之無機膠體係由岩石、礦物經由風化崩解而再次結晶生成的黏土礦物，主要爲矽酸鹽與鐵、鋁之氧化物，其中有的成爲結晶體，吸附各種物質，極少數可以成爲無定形物質，也有一小部分與腐植質結合而成爲複合物。土壤中常見的黏土礦物種類如下表所示，矽酸鹽黏土礦物與鐵、鋁等氧化物在風化作用過程中一般生成之程序如圖所示。臺灣土壤中常見之黏土礦物種類，按存在量之順序約爲伊來石 > 綠泥石 > 高嶺石 > 蛭石 > 蒙特石與混合層次礦物，其中以伊來石與綠泥石爲最主要，結晶較佳。其他含量皆甚少或僅在若干土類中。

土壤中常見的主要黏土礦物

名稱	種類
高嶺土族（kaolin group）	高嶺石（kaolinite）
	多水高嶺石（halloysite）
黏粒雲母族（clay mica）	伊來石（illite）
	海綠石（glauconite）
蒙特石族（montmorillonite group，即 smectite）	鋁蒙特石（beidellite）
	蒙特石（montmorillonite）
	鐵蒙特石（nontronite）
	鎂蒙特石（saponite，即皂白石）

（續下頁）

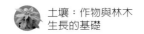
名稱	種類
蛭石族（vermiculite group）	蛭石（vermiculite）
綠泥石族（chlorite group）	鐵、鎂系綠泥石（Fe‧Mg chlorite） 鋁綠泥石（Al chlorite） 膨脹性綠泥石（swelling chlorite）
混合或交錯層礦物（mixed-layer clay mineral）	包含兩種或兩種以上不同種類礦物層次之交錯疊置而成之複合體
鐵鋁氫氧化物礦物（iron-alumineral hydroxide minerals）	水鋁氧（或三水鋁氧，gibbsite） 赤鐵礦（hematite） 針鐵礦（goethite） 褐鐵礦（limonite） 氧化錳（biolsite）
無定形物質（amorphous mineral）	鋁英石（allophane）

2. 土壤有機膠體

　　土壤有機膠體的基本來源爲有機物。有機物爲土壤中所存在的各種類有機物質，不論是動物或植物來源，存在於土壤上或已與土壤礦物質粒子作各種程度的混合或已形成有機、無機複合物，爲已分解或部分分解或尚未分解之總稱。依有機物分解之程度可區分成 (1) 新鮮有機物、(2) 半分解有機物、(3) 腐植質與 (4) 簡單有機化合物四種，其中腐植質可依據在酸液與鹼液中的可溶性，進一步細分爲：

(1) 腐植素（humin）：強鹼不溶的部分，結構複雜，分子量大。

(2) 腐植酸（humic acid）：強鹼可溶但強酸不可溶之部分，聚合程度較強，分子量較大（約 30 萬單位），碳含量可達 60% 以上，氧含量達 30%。

(3) 黃酸（fulvic acid）：強酸與強鹼均可溶之部分，聚合程度較弱，分子量亦較小（約 2000 單位），碳含量爲 45% 左右，氧含量達 48% 左右。

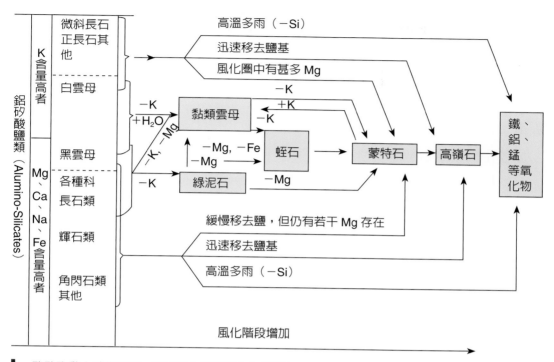

矽酸鹽黏土礦物與鐵、鋁等氧化物在風化作用過程中一般生成之程序（張仲民，1989）

陽離子交換（cation exchange）

土壤在懸浮液中，表面吸附陽離子並釋出原吸附之當量陽離子的現象，稱為陽離子交換作用，是土壤膠體很重要的特性之一，因為在陽離子交換作用中，會有下列現象產生：

1. 交換現象之發生以膠體物質為中心。

2. 吸附（adsorption）與被交換出之離子間有化學當量（chemical equivalence）之關係。

3. 交換作用雖可在瞬間內完成，但均為可逆反應，故在欲去除膠體物吸附的某一離子，必須要一直淋洗土壤，且以交換力大的離子取代交換力小的離子較為容易進行。

4. 參與反應的物質其濃度愈高，交換反應的速率就愈快。

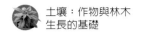

5. 離子的吸附與釋放能力常受電荷數影響，一般兩價離子均有較高的交換力，但 H^+ 為例外，因其離子半徑與水化程度都較小。

6. 陽離子的交換力視其水合程度（hydration）而不同，水合度高的陽離子，被膠體吸附的能力較低，交換力差。

7. 離子交換僅發生於層狀矽酸鹽膠體的外表面（outer surface），其交換速率會高於多孔性的腐植質。

　　黏粒膠體的交換作用包括：

(1)因黏土之內核（micelle）主要由 $n_1\ SiO_2$、$n_2\ Al_2O_3$、$n_3\ Fe_2O_3$ 所組成，在鋁矽酸鹽類礦物中以 SiO_2 占多數，故內核常常帶陰電荷（negative charge）。

(2)諸如伊來石、蒙特石等 2：1 型之黏土礦物，在其結晶體中之八面體晶格中，可發生較低電價之陽離子取代高電價陽離子的現象，也就是同構取代，因而發生陰電荷。例如 Al^{3+} 取代 Si^{4+}（在四面體 Si 晶格中）；Mg^{2+} 取代 Al^{3+}（在八面體 Al 晶格中）等皆是。

(3)在 1：1 型之黏土礦物如高嶺石等，其交換力是因為在它的八面體 Al 晶格中的 OH 離子，H 的釋出而造成的。因此，土粒在含有電解質的懸浮液中，膠體表面可附著氫、鈣、鉀、鈉等陽離子，因而形成離子雙層（ionic double layer）。但這些被吸附之離子，並非是鍵結的，是可交換性的，也就是各種被吸附離子是動態的，呈雲狀保持在膠體的周圍，雲狀範圍愈大，愈容易被交換或置換。

　　茲舉幾個簡易陽離子交換作用的案例於下以供參考：

$$\boxed{Mg^{2+} -黏粒} + 2KCl \rightarrow \boxed{K^+ -黏粒} + MgCl_2$$

$$\boxed{Ca^{2+} -黏粒} + MgCl_2 \rightarrow \boxed{Mg^{2+} -黏粒} + CaCl_2$$

$$\begin{matrix} Ca_{40} \\ H_{40} \\ B_{20} \end{matrix} \boxed{黏粒} + 5H_2CO_3 \rightarrow \begin{matrix} Ca_{38} \\ H_{45} \\ B_{19} \end{matrix} \boxed{黏粒} \begin{matrix} 2Ca(HCO_3)_2 \\ + B(HCO_3)_2 \\ \underline{\textbf{隨水流失}} \end{matrix}$$

（式中 B 代表一價元素，40、40、20 表示吸收比例量。）

各種陽離子之性質不同，交換力大有差異，茲按其交換力大小順序排列為：Ca、$H > Mg > K > Na$。

一價陽離子之交換力之大小，可排列為：$H > Cs > Rb > NH_4 > K > Na > Li$。

兩價之離子，不同於一價離子，其交換力之順序並不一致，例如在：

(1)NH_4－黏土時，交換力之順序為 $Mg \leqq$（或大於）$Ca < Sr < Ba$。

(2)H－黏土時，交換力之順序為 $Mg < Ba < Ca < Sr$。

以上列出陽離子交換力大小順序之意義，即為使讀者了解，若以交換力大之 H、Ca 等陽離子交換 K、Na 等交換力弱之陽離子是相當容易的。反之以 K、Na 交換 H、Ca 即較難。

陽離子交換容量（cation exchange capacity, CEC）

係指黏粒外部與內部表面吸附之陽離子與存在土壤中之可交換性陽離子皆能自由的交換，也就是可交換性陽離子的總當量，以一公斤土壤可交換的莫耳數為表示單位〔cmol (+) / kg〕，二價離子均換算為一價離子計算。不同有機物、無機物之 CEC 值亦不同，此值愈大，表示土壤吸附土壤離子之能力愈強。

當交換容量全數由鹽基所滿足，則此土壤膠體（或土壤）稱之為鹽基飽和膠體（或土壤）。在溼潤地區之森林土幾乎不可能有如此情形，因此鹽基均繼續被氫所交換，結果造成不飽和現象。當所有土壤膠體（或土壤）吸附之鹽基多數被氫所替代，則成為氫飽和膠體（或土壤）。土壤膠體（或土壤）中的交換態氫加上交換態鹽基就等於全部的陽離子交換容量。

鹽基的飽和程度，可以鹽基飽和度（%, base saturation, BS）表示，與土壤 pH 間有極密切之關係存在。計算如下：

鹽基飽和度 % ＝ 交換性鹽基全量〔cmol (+) / kg 土壤或膠體〕／陽離子交換容量〔cmol (+) / kg 土壤或膠體〕×100

鹽基不飽和度 % ＝ 交換性氫離子全量〔cmol (+) / kg 土壤或膠體〕／陽離子交換容量〔cmol (+) / kg 土壤或膠體〕×100

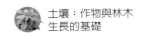
　　下表表示各有機物與無機物之 CEC 值。表中顯示有機物之 CEC 值最大〔大於 500 cmol (+) / kg〕，蛭石居次〔約 80 ～ 150 cmol (+) / kg〕，高嶺石、伊來石與綠泥石最低〔僅 3 ～ 40 cmol (+) / kg〕。一般影響土壤 CEC 值大小的因子有：

(1) 有機物含量：愈多則 CEC 值愈大。

(2) 黏土礦物種類：已如上所述。

(3) 黏粒含量：愈多則 CEC 值愈大。

(4) 土壤風化程度：風化愈強，CEC 愈小。

土壤中各種膠體的 CEC 值

礦物	CEC [cmol (+) / kg]
高嶺石	3 ～ 15
少水高嶺石	5 ～ 10
多水高嶺石	40 ～ 50
蒙特石	80 ～ 150
伊來石	10 ～ 40
蛭石	100 ～ 150
綠泥石	10 ～ 40
腐植質	250 ～ 450

陰離子交換（anion exchange）

　　土壤中陰離子交換作用的研究較爲困難，其可能的原因如下：

1. 黏土礦物結晶格子中之 OH 被交換，諸如高嶺石之能吸附磷酸與氟，已證實爲由此方式而吸附。

2. 陰離子可能被吸附而附貼於四面體矽結晶格子之邊緣上，此理由可用以解釋磷酸之吸附，但仍不能用於硫酸、氯及硝酸之吸附解釋。

3. 可能由於氫氧化物鋁、鐵存在而引起陰離子的被吸附，土壤膠體對於陰離子之吸附力按大小順序排列爲：$Cl^- < SO_4^{2-} < PO_4^{3-}$。

膨脹、收縮、內聚及可塑性

這四個特性一併討論的理由是，彼此間有相互密切關係，其所表現之強度，視黏粒之質與量、吸附之陽離子之種類與特性，及所含腐植質之質與量等條件而定。

1. 塑性（plasticity）

係指加壓於土塊上，土塊繼續變形，除去壓力後仍保持原形之性質。

2. 內聚（cohesion）

為指土粒間之膠結現象，凡土壤之塑性大，內聚力大，隨水分含量之減少，黏土之內聚力增加；砂土情形不同，隨水分含量減少，漸有增加，但至一臨界點後，水分再減少，仍突然降低。

3. 膨脹（swelling）

凡土壤膠體常皆有在某一限度內，隨水含量增加而顯體積增加之現象。

4. 收縮（shrinkage）

為指隨水分含量減少而體積減少之現象，此類特性在苗圃之土壤管理上皆甚為重要。

絮聚與絮散

絮聚（flocculation）為使單一膠體土粒，彼此結合而成為絮團狀之性質；絮散（deflocculation）則為破壞膠體土粒結成絮團而使之復顯單粒行動之作用。此兩者作用皆與土壤膠體所吸著之陽離子種類有密切關係。一般膠體如果吸附多量的鈉離子，因為鈉離子的水合分子較大，故土粒容易絮散，而形成黏重性質與不良構造，此類性質在施肥上應加注意。

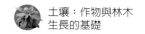
土壤反應

任一土壤反應，必為下列三種之一，即酸性、中性與鹼性。多數森林土壤之反應皆為酸性。土壤的酸性，可能起因於含有游離有機與無機酸，或由於有鹽基不飽和之有機與無機膠體（黏土礦物）複合物之存在。前者主要由無機物與有機物之分解作用造成，後者主要由於生物活動、化學反應、溶解、洗出等作用而造成。這些物質的膠體有羥基（—OH）與羧基（—COOH），經解離後，釋放氫離子（H^+），存在土壤溶液內。有機酸與鋁均可視為氫離子的補給處，經水解作用會釋放氫離子：

$$Al^{3+} + H_2O \rightarrow Al(OH)^{2+} + H^+$$
$$Al(OH)^{2+} + H_2O \rightarrow Al(OH)_2^+ + H^+$$

在極酸性礦質土壤中，鋁與氫均為其特徵離子。

土壤 pH 是指土壤中的「活性」（active）氫離子，其單位為 pH。pH 值為土壤溶液中氫離子（H^+）與氫氧（OH^-）離子濃度倒數的常用對數值：

$$pH = \log(1 / [H_a^+])$$

上式 $[H_a^+]$ 為活性氫離子的濃度。水溶液中氫與羥離子的濃度乘積為 10^{-14}，故兩者濃度相等時，溶液呈中性，pH 值為 7。假如氫離子較多，溶液呈酸性，pH 值低於 7；相反的，若羥離子較多，pH 值高於 7 而溶液呈鹼性。

土壤 pH 為表示土壤酸鹼性之一種方法，其意義為在純水中，氫離子與氫氧離子存在量極低，但濃度相等。10,000,000 公升之純水中，在 22℃ 時，只有 1 克氫離子（H^+）與 17 克氫氧離子（OH^-）。故 H^+ 之濃度為 1/10,000,000 或表示之以小數為 0.000,000,1。顯然當濃度低時，用此表示方法，頗不便利。為此，丹麥化學家 Söremson 乃提議用 pH 法表示之。式中 P 代表對數，H 代表 H^+ 濃度。也就是說以 H^+ 之濃度之倒數（reciprocate）的對數表示之。如純水之 H^+ 離子濃度為 1/10,000,000 其倒數為 10,000,000，此數之對數為 7，結果中性的純水之反應為 pH 7。

凡 pH 值低於 7 者皆爲酸性，高於 7 者皆爲鹼性。H^+ 離子濃度以 pH 值表示時，是屬於幾何學的（geometric）級數表示法，換言之，即土壤溶液爲 pH 6、5、4 或 3 時，表示其含有之 H^+ 離子較純水所含有的多 10、100、1,000 或 10,000 倍，相反的，假設某溶液爲 pH 8、9、10 或 11 時，表示其含有之 OH^- 離子較純水的多 10、100、1,000 或 10,000 倍。

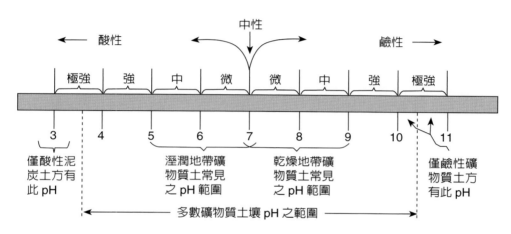

土壤 pH 範圍

土壤 pH 對於植物營養的重要性

　　土壤反應對於植物吸收營養成分有密切關係，因爲土壤反應不但影響土壤成分的溶解度，並可左右植物吸收養分，例如土壤中鐵、錳與鋅，其溶解度隨土壤反應而改變，土壤反應自 pH 4.5 增至 pH 7.5 或 8 時，其溶解度亦隨之而降低。又如土壤反應在 pH 6.5 或 7 附近時，植物最易吸收銨鹽。而土壤反應至強酸時，植物最易吸取硝酸鹽。至於土壤中磷素能否被植物所利用，與土壤反應更有密切關係。土壤磷素在強酸性時被固定爲磷酸鐵鋁，在強鹼性時被固定爲磷酸鈣，只有在 pH 6.5 時，磷素最易爲植物所吸收。其他若鈣與鎂之交換度及土壤微生物之活動等亦均有關係。綜上可知，土壤反應爲土壤肥力上之一極重要因子。

　　森林土壤因爲剖面有土層上的差異，使其側面與縱向具有相當的異質性

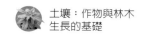

（heterogeneity），例如有機物的分布並不平均，並可影響土壤 pH 的值。註明許
多森林土壤的「土壤 pH 值」時是不切實際的，因為森林土壤的 pH 值不但有季節
性變異，而且時常因深度而不同。

　　另外，土壤 pH 值的影響會涉及土壤生物族群的消長，若干微生物如硝化細菌
只能在某特定 pH 值範圍內進行其生理功能。因此，與此類生物有關的特定活動或
物質轉化作用（transformation of materials），唯有適宜的土壤 pH 範圍內才能進行
運作。基於這種現象，土壤 pH 值為 4 時，硝化作用（nitrification）不再發生。危
害針葉樹苗的猝倒菌（damping off fungi）等病理性生物（pathogenic organisms）可
藉調整土壤 pH 值或能控制到某種程度。許多森林土壤內化合物的形態與溶解度依
其 pH 值而變。當土壤變得更酸時，土壤內的錳、銅、鋅轉化成更易移動的離子態。
土壤內的磷尤其會受到 pH 值的影響。人為可控制根域的土壤 pH 值到某一種程度，
進而控制各種養分元素的量及相對有效性（availability），亦可控制某些在低 pH
值下發生毒害量的元素，如 Al 等元素。

緩衝作用

　　土壤中之黏土複合物及腐植質等土壤膠體，皆為同時具有膠體酸基（acidoid）
與膠體鹽基（basoid）者。故當加入微量之酸或鹼性物質，土壤有抵抗其反應作突
降突升之性質，此等抵抗改變反應之行動稱之為緩衝作用（buffer action），土壤中
之弱酸與鹽類化合物如碳酸鹽、重碳酸鹽、磷酸鹽等以及各種有機酸類，對此作用
亦有相當之貢獻。

　　緩衝作用之重要性，在於穩定土壤 pH，蓋因土壤反應如變化激烈時，則生長
於土壤內之高等植物及微生物均將受害。森林土壤的緩衝量愈大時，其離子情況較
平均，此對許多種土壤 pH 值改變敏感的微生物深具重大影響。土壤生物活動會產
生 CO_2，常使土壤溶液的酸性升高，對土壤中植物營養分之有效度亦有不利影響。
土壤之交換能量高，質地黏重，有機物含量高者，緩衝作用均強。土壤之富含矽質
砂（siliceous sands）者，緩衝作用均弱。

第五章

土壤有機物

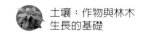
　　有些土壤，像泥炭土幾乎全是有機物，但是乾旱氣候區的土壤，有機物含量就很少。生育在土壤上的綠色植物，利用光合作用將日光能轉換成有機物，但是這種轉換過程的總效率卻不高。然而這種轉換產生的有機物不但改變土壤表面的環境，並且提供賴土壤生存的生物所需的基本食物來源或基質（substrate），進而影響土壤的物理、化學及生物性質。

　　在某段時間內，土壤上或土壤內測定的有機物量是一般用來檢定土壤有機狀態的方式。有機物的增添量、種類及其轉化作用對土壤的影響亦極其浩大。土壤喪失其有機物基本上是分解作用的緣故。以長期的觀點而言，來自植群的增添與因分解作用的喪失，隨環境狀況皆不相同，但是在任何特殊情況總會臻於某種平衡。森林是一種典型的例子，但是由於經常性的天災，諸如風災、火災或沖蝕等的大損失，這種情形下，只能以土壤有機物的動態學來處理。在森林中，顯而易見，有機物的增添必然直接關係到森林植群的性質與繁茂度，同時凡是會影響植群發育的因素必然會影響能增加土壤有機物的量。植群的類型亦能影響有機物堆積的位置，例如在森林中所有的有機物幾乎多堆置在地表，而其他枯死的根群，每年或定期成為土壤有機物，由於其在土壤內的位置緣故，也是具有不可忽視的重要性。

　　有機物本身的化學成分是維持土壤肥力的重要因素。尤其是氮肥，大部分綠色植物所必須依賴的氮肥，多是由微生物的活動，作用於複合的有機化合物而衍生出來的。長久以來，雖然一直認為有機物會影響土壤的性質，但是近來更令人信服的是有些化學成分，尤其是未分解的成分，對土壤風化作用的過程及土壤剖面的孕育有著重大的影響。我們不應只將有機物視為改變土壤性質的一種組成分，而更應該視其為決定土壤作用的性質與強度的物質。另外，土壤中有機質的分解會釋放出二氧化碳（有氧情況下）與甲烷（厭氧情況下）等溫室氣體，對於氣候暖化有不利影響。如何透過土壤管理方式減緩有機物的分解與將有機物留存在土壤中，是目前全球淨零碳排放中很重要的策略，可達到增加土壤固碳量、減少溫室氣體的排放與改善土壤理化性質的三贏管理方式。

來源

1. 植物

此為土壤有機物之重要來源，在林地主要為樹木之葉、枝、根、皮、果實及種子、廢材與林下植物之莖葉與根。在農地則為作物之莖、葉及根。以林地與農地相較，林地有機物之植物來源遠大於農地，就林地表面上存在的有機物而論，枝、葉、皮、果與林下植物四項占大宗。當然樹種不同，此四項的比例有變異。就農地論，根之重要性質甚大於莖葉。

2. 動物

此為有機質之次要來源，在林地有各種大型動物及各種微生物之遺體、排泄物與食物廢棄物。在農地則僅有小型微生物之遺體、排泄物與食物廢棄物。以林地與農地相較，此項有機質來源以林地為豐。

3. 施肥

在林地鮮有施肥處理，故無此項來源。農地則常施用各種有機肥料如綠肥、堆肥與廄肥，此皆為農地有機物來源之一。在苗圃情形可仿照農田方式，而增加其有機物之含量。

分解

植物為土壤有機物之重要來源，下列討論僅限於植物。有生活機能之植物體與失去生活機能之植物，其組成分上有不同。失去生活機能之植物體其體中部分組成分於枯死前已移入種子、莖、根中，或已變成纖維質。因此落於地面上之植物殘體，其主要成分為木質素（lignin）、纖維素（cellulose）、五碳醣（pentosan）、樹脂及少量之蠟、蛋白質與其他物質。而所謂之土壤有機物，就植物論，係指落於地面之植物殘體及其以後各分解階段中間產物。下圖是土壤有機物分解概況：

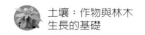
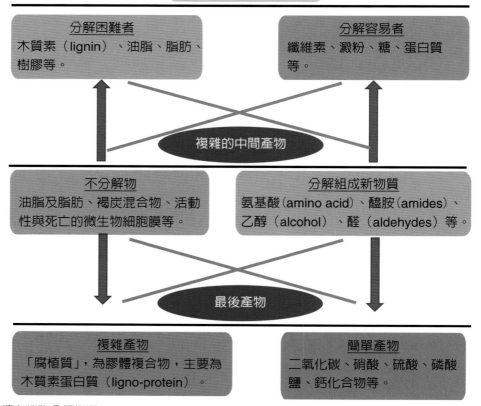

土壤有機物分解概況

茲分成下列各點解釋之：

1. 當植物殘體到達於地面後，即遭受各種因素之作用，其中重要者為水分、空氣、植物酵素、動物與微生物等，其中以微生物最為重要。

2. 各種因素之作用於有機物有直接與間接影響，且有時由於一種因素作用，可連帶發生各種相互之化學變化而造成一極其複雜之作用。

3. 植物殘體為一極複雜之物質，雖在通氣情形下，亦不能直接受微生物作用而完全分解。其較易分解者，常首先迅速遭受破壞，部分成為中間生成物，並可做進一步之變化而成最後生成物；部分直接成為最後生成物。（參考上圖）

4. 醣類、澱粉與水溶性物質等均為首先遭受分解者，結果大部分完全變為 CO_2 與 H_2O。其他部分不能完全分解而生成各種產物，如各種有機酸。

5. 水不溶解性之複合物中，五碳醣可能為其中分解最速者。

6. 半纖維素（hemicellulose）：化學組成有甚大差異，因此受微生物之分解難易程度亦有差別，即部分為甚能抵抗分解者，在形成腐植質（humus）中占有重要地位，其他部分則在受加水分解中可產生簡單醣類及六碳醣。

7. 纖維（cellulose）：為植物殘體中極為重要部分，亦為土壤中主要勢力來源。能分解纖維素者包括多種眞菌、好氣性細菌及嫌氣性細菌。但是纖維素分解之速度與生成物之種類，除依微生物之種類而不同外，尚與環境情形即可供給微生物消耗之有效性養分（如氮、磷、鉀等）之種類與分量有關。在適合情形下，則分解快速，同時在分解完好之腐植質中，纖維素存在量不多。

8. 木質素為細胞壁之成分，為甚能抵抗微生物之分解者，其化學組成分常有差異，同時，有木質素存在時可減緩纖維素之分解。據現時所知，可能分解木質素之微生物，僅有若干種擔子囊菌門菌類（Basidiomycetes）與放射狀菌（Actinomyces），木質素為土壤腐植質中最主要部分。

9. 單寧（tannins）、蠟（waxes）與樹脂（resins）可能為植物殘體中最能抵抗分解者。

10. 油脂類雖亦能相當抵抗分解，但可逐漸變成二氧化碳與水及含碳元素低之各種有機酸。

11. 蛋白質（protein）與其衍生物（derivatives）常很快為微生物分解利用。

　　總之，據上討論，可知植物殘體落於地面後，經各種作用可產生腐植質，腐植質之主要成分為木質素（lignin）與微生物殘體，尚有部分之半纖維素、纖維素、少量油脂、脂肪、蛋白質與微量之各種植物養分。

影響有機物分解的重要因素

1. 植物性質

(1)植物殘體之組成分不同，分解速度與形式有甚大差異，如豆科植物分解速度大於非豆科植物，闊葉樹之殘體分解速度大於針葉樹。

(2)林地與農地比較時，林地可影響微氣候之力量遠大於農作物，在林地溼度大、

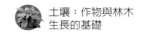

溫度低，故兩者在分解有機物之微生物種類、分解速度及分解產物之組成方面，可有甚大不同。

(3) 分解迅速之有機質與分解緩慢之有機質同時聚積一處時，可促進分解緩慢者之分解速度。

(4) 地面植物生長健旺與否，可影響生成之腐植質性質，腐植質之性質亦可影響地面植物之生長。

(5) 幼嫩枝殘體與老朽之殘體相較，不僅分解快速，且分解後所產生之腐植質中含氮、鹽基緩衝物（basic buffer）等含量均高，反應亦較高。

(6) 植物殘體中富含植物養分者，分解皆較快速，其中尤以氮素最重要。

(7) 植物殘體中含有樹膠，木質素量高時，分解常受阻，又據研究表示，植物殘體之含酸高、鹽基緩衝物量低者亦不利於分解。

2. 土壤性質

(1) 土壤性質可左右微生物之種類與數量，又可影響植物體組成分，故可影響腐植質之分解速度與性質，如以砂質土與黏質土比較，當可獲一概念。

(2) 土壤貧瘠者，一般難望其有良好之腐植質，相反，富含鈣與其他養分者，均可利於腐植質之發育。其中鈣為尤需注意者，因為鈣不僅可以中和分解時之酸，且可改良土壤性質與促進微生物之繁殖與活動。

3. 通氣

一般言之，通氣可促進分解，唯需與水分及溫度等條件配合，方可奏效。

4. 含水量

水分過多或不足，皆不適合於有機質迅速分解。

5. 溫度

在適宜範圍內，溫度增加可促進有機質之分解。

6. 微生物

微生物之種類可影響腐植質之生成與性質，一般認為動物（尤以蚯蚓）及細菌與混土腐植層（中性腐植質層，mull）之生成有關，真菌與不混土腐植層（鬆散腐植層，mor）之生成有關。

7. 施肥

特指施用各種有機肥料時，且常有增強土壤微生物活動之作用。

8. 耕作制度與水土保持

此皆足以影響土壤中微生物之種類與數量及腐植質的聚積量。

有機物對於土壤性質的影響

1. 物理性質

(1)顏色：有機物可加深土壤色澤，提高土溫。

(2)有機物為疏鬆多孔且稍具黏性而無塑性之物質。故存在於黏土中可改良其構造與結構，使其通氣良好、排水能力增加並保持較多有效水分，改良耕性，抵抗沖刷作用。存在於砂土中，亦可改良其構造與結構，減少其通氣與排水，增加其保水力和減少沖刷。

(3)有機物為疏鬆多孔且質地輕，可減少黏土之容積重（volume weight），增加水分之滲透性。

2. 化學性質

(1)增加礦物質之溶解度（solubility），因有機質在分解過程中可產生酸（包括有機酸與無機酸），因而可增加礦物質溶解度。

(2)其交換能量特別大，故可吸收保持多種植物養分如鈣、鎂、鉀、氮等。

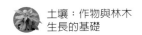
(3) 其可與土壤無機膠體結合而形成化合物。

(4) 有機物可影響土壤酸度及緩衝作用。

3. 生物性質

(1) 供給土壤微生物為食物來源。

(2) 釋放各種植物養分以供高等植物利用。

森林土壤有機物

1. 森林土壤有機物的型與量

　　枯枝落葉層（litter）是指落到地面的新鮮落葉、枝條、幹及花果乃至皮部的通稱。森林土壤內，枯枝落葉層是每年加入地面最明顯的，也是很容易定量的有機物。一般來說，所有枯枝落葉層的增添量，若以重量計，枝占 60 ～ 76%，非枝葉占 27 ～ 31%，下層枯枝落葉變化不定，平均為 9%，但是可高達 28%。

　　枯枝落葉界範圍（變域）測定的方法有將已知面積的容器按特定步驟進行，或將枯枝落葉層連同土壤同時移出，再將枯枝落葉層與旗下物質以物理方式分開。第二種方法比容器法差，除非是用來量測林地腐植層（forest floor）為目的，包括枯枝落葉層在內的所有機殘體及未與礦質土表混合的腐植質（humus）。至於收集枯枝落葉層的容器，尺寸各有大小，容器多為塑膠盒狀，四周有淺邊及底部為空網，以利排水。由此可定期收集，決定季節性變化。空網更是重要，收集器的面積大小也不統一，普通多在 0.05 ～ 0.5 m^2 之間。除非土表非常平坦均勻，否則變異不是來自取樣大小或取樣強度，而是受到微地形的影響，在低窪地帶的聚集量較多的原因，不只是低窪處狀似收集盆，而且該處的枝葉不易乾燥，不像乾燥枝葉會時常吹飄他處。

　　許多森林的年枯枝落葉量介於 1,000 ～ 6,000 kg/ha 之間；受了林型及尤其林型所屬的氣候區的影響，枯枝落葉層加入量的差異很大。緯度降低時，枯枝落葉生產量有降低的趨勢。低緯度的生產量偏低相當明顯。冠層完全鬱閉的森林，枯枝落葉

層生產量並不因林齡而有增減的遺傳趨勢。林分發育的初期，林冠逐漸擴張，可以想見，枯枝落葉層脫落量亦隨之增加。相反地，林齡漸老，林冠變疏，林木的枯枝落葉層量下降，但是上木疏開處有下層植群繁衍，則會減緩枝葉層脫落量。凡是鬱閉冠層林，枯枝落葉層生產量不太受林分密度的影響。

另外，年度間差異的影響因子，最可能是受了生育環境的影響而改變葉量。影響枯枝落葉層量及墜落時間的因子為氣象因素，尤其是乾旱、強風及極溼降雪。根據枯枝落葉層脫落量的週期性研究結果顯示，樹種兼有差異存在。森林受到養分逆壓或缺乏，會影響枯枝落葉層脫落式樣（litter fall pattern）。

(1) 類型（form）：枯枝落葉層組成分（litter component）的類型要視來自何種林木而定。許多松針既長又尖，會織成錯綜式樣，成為疏鬆孔隙之枯枝落葉層。如果分解速率迂緩，則枯枝落葉層具有顯著的物理作用，有助於水進入土壤的速率及促進氣體的交換。故長硬的針葉（尤其是腐植質）比短軟的針葉更耐踐踏與擠壓。針葉林的針簇，尤其是粗又長的松針，不常因含水量而改變。這種不易腐解的物理結構，深具覆蓋效果，使地面逕流與沖蝕作用減至最小。闊葉林的葉脫落的形狀變化多端，堆積地點亦錯落不定，初期分解作用快速，故其物理外形的特殊效果並不彰顯。但是在冷溫帶氣候區，秋季的枯枝落葉層積聚，在碰到低溫與可觀的下雪時，則枯枝落葉層的物理性狀就相當重要了。例如糖楓（sugar maple）這種大型的落葉，會疊成片狀的枯枝落葉層，加上受了多雪積壓，變得更平整緊實。及至翌春，積壓成狀似屋頂密瓦，有助於融雪的地表逕流。但是葉面較小的落葉枯枝層，其不若大葉而未相疊或緊織密壓，在乾溼作用下扭曲變形。

(2) 化學組成（chemical composition）：植物體（plant material）是構成枯枝落葉層的重要部分，其化學組成，主要可分為七類，其中六類為有機物，餘下一類為礦物。此七類為：①纖維素（cellulose），占乾重的 15～60%；②半纖維素（hemicellulose），占乾重的 10～30%；③木質素（lignin），占 5～30%；④水溶物（water-soluble fraction），包括單醣類、氨基酸及其他，占乾重的 5～30%；⑤醚（ether）及乙醇溶性化合物如脂肪（fats）、油（soils）、蠟（waxes）、樹脂（resins），及色素（pigments）；⑥蛋白質（proteins）及⑦礦物質，占 1～13%。

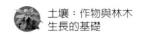

　　以森林枯枝落葉層而言，前三項纖維素、半纖維素及木質素即占總重量的絕大部分。雖然一般分析多注重在植物體已變成枯枝落葉層後，但了解尚留在植物體的枝葉的組成分與其相關的內在生化作用對於將來形成的枯枝落葉層的性質，是相當重要的事。對於將來終究會變成枯枝落葉層的植物體，要了解其化學成分，自有其理由的。

① 某些化合物，尤其是水溶性的，可能受到沖洗而自葉或其他部分脫離本體。低等植群可能直接吸收簡單構造的氮或氮化合物。有些成分會歷經各種化學與生物作用，形成的化合物會影響土壤。

② 碳水化合物（carbohydrates）與木質素是枯枝落葉層的主要成分，亦為許多土壤微生物生長與發育的能源及構成其細胞的碳源。水溶成分如簡單醣類，易為土壤微生物吸收利用，但是其他長鏈分子醣類的分解作用便緩慢得多，當然亦視其分子大小而異。長鏈分子如纖維素及半纖維素等，經過酵素水解作用（enzymic hydrolysis）分解成簡單化合物（醣類），才能為微生物吸收。木質素比較難分解，其化學組成的構造式又很多，含甲氧基（$-OCH_3$）團多時，分解更難。分解大分子木質素的微生物，以真菌為首。由於此類大分子的醣類的初期分解作用是靠土壤微生物，故土壤的有些性質不但對生物的發育與活動有重大的影響力，而且對水解性酵素的效應也不可忽視。

③ 氮是植物生長的必要元素，其實有機物本身便是高等植物的氮來源。枯枝落葉層中大部分氮是存在於蛋白質內。蛋白質是長鏈分子，由於酵素水解作用，將長分子的肽鏈（peptide linkage, $-CO-NH-$）切斷，分解為氨基酸類。去氨基作用（deamination）即為釋放氨的作用，多在微生物族群的細胞間進行，有別於在細胞外進行的酵素水解作用。土壤生物族群將枯枝落葉層轉化為有機氨的難易度及能製造的有效量，兩者是控制分解速率的最關鍵因子。枯枝落葉層的含氮量及其他無機元素均具重要性。

④ 森林枯枝落葉層內除了含有氮素外尚有多種其他無機元素。以森林土壤而言，植群的主要營養來自枯枝落葉層，因此，植物的枯枝落葉層所含營養量宜特別注意研究。影響養分量的因素很多，其中最重要的兩個影響因子是樹種及葉部含營養素的濃度。樹種引起的差異可能很大；植物器官（尤其是葉）養分濃度

因樹種及土壤而定。一般視生育環境、樹齡、植群的發育期而不同。因此，在某特定狀況下應當要避免歸納出一項通則。

2. 能量轉化與枯枝落葉層的分解作用

落到林地的有機物就成為所貯存的能量。這些物質的分解作用其實是一個鏈鎖能量的轉化。就某些林分而言，總年枯枝落葉層可能比有機物（以葉為主或者枯枝落葉）的總淨生產量低。這種差別可能是草食動物的浩劫或因人類行為而移走。暴風吹倒的林木、伐木作業棄置的殘材，可在短暫時期內大量增加土壤的有機物。堆置土面的有機物，會有五種結果：

(1) 降低有機物的原貯藏能量：由於墜落到土壤的有機物為土壤生物耗用而減少。

(2) 能量減少的同時，減少的能量中一部分是變成其他有機物。這種能量的轉化作用的例子，如土壤動物體組織食用部分枯枝落葉層，土壤微生物以枯枝落葉層作為能量物質。

(3) 一部分能量復以能量逸失，此與代謝作用的耗失與分解作用的生物程序有關。

(4) 能量轉化作用期間會產生最終生成物，例如二氧化碳、銨離子、硝酸離子及其他無機物，尚有其他與腐植質性狀相關的穩定有機物。這些生成物可能完全會排到土壤系之外；二氧化碳會散逸空中，硝酸離子可能會淋溶至地下水。一部分生成物轉入土壤中成為比較穩定的狀態，例如腐植化合物沉積在較深的土壤剖面，一部分又可能重新循環，進入土壤—植群系中。

(5) 枯枝落葉層及有機物也可能因火災或沖蝕作用，散離生態系。這種情形雖為偶發性，但是無論如何以長期或短期觀點，均具某種效應。

有機物量的年變化雖然不大，但因為有溫度與溼度季節性變化的緣故，分解速率呈季節性變異是可以想見的。研究指出，枯枝落葉層的能量有 80 ～ 90% 可供土壤社會利用者為微生物分解所耗竭，而溫度與溼度復左右這些微生植物的活動力。

有機物的分解作用是依靠土壤動物區系與植物區系（尤其是微生植物區系）依序進行的攝食作用。土壤動物活動及分解有機物的連帶結果便是土壤團粒的形成作用。分解過程的第一步往往是要有可供利用的水溶性物質。分解速率往往與水溶性物質的初期含量有關係。一般而言，若氣溫與通氣適宜，分解速率應隨溫度升高而

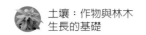
加速。在林地，不同樹種的枯枝落葉層的分解速率亦異。這種差異一部分是受了土壤生物食性不同所致。生存於枯葉層的微生物族群種類可能各不相同。土壤動物的類型，尤其是森林腐植層（forest floor）的性質更占重要位置。

分解作用後的最大變化是重量減輕及碳的百分率減少。將有機物轉化成無機物的作用稱爲礦化作用（mineralization）。在轉化過程中，一般而言，氮量維持不變或稍有增減，相對的，碳量則會下降。因此，分解過程中有機碳／氮比（C/N ratio）會下降。分解作用的關鍵元素是氮。因爲進行分解作用的生物，其代謝作用（metabolism）是靠氮來合成蛋白質。當新鮮（未分解）枯枝落葉層加入土中時，相當數量的分解（微生物）族群要繁衍，需其他適量養分的供給才能達到繁衍的目的，其中最重要的養分便是氮。基於這種理由，較近地表的有機土層的 C/N 比一直用作有機物分解速率的指標。農田土壤方面應用 C/N 比的時候比較多，但是若用於森林土壤，作爲分解率的推估，務必審愼。森林表土層的有機物所含的氮可能有相當部分是來自其他來源。

3. 林地腐植層（**forest floor**）

土壤學家重視林地腐植層與其生物作用，嚴格算來應是從 20 世紀中葉才開始。事實上，只有部分森林學家去撰述、分類及推演這層土壤中最活躍部分的眞相。P. E. Müller 是第一位用土壤生物學的立論來正視這個問題。P. E. Müller 描述的三型森林腐植質——混土腐植質（mull）、擬混土腐植質（moder）與不混土腐植質〔mor，或稱粗腐植質（raw humus）〕——仍然沿襲使用迄今。

(1) 不混土或粗腐植質：不混土腐植質（mor）又稱粗腐植質（raw humus），乃當年的枯枝落葉層（L）的氈狀層（matted layer）之部分分解有機物（F），愈往下分解程度愈深。其間充斥眞菌菌絲（黃白色絲狀物），清晰可辨。層的下端有分解徹底的有機物，稱爲 H 層，是爲何種植物殘體，已無法辨識。H 層下大多與下層礦質土層（A）有顯著的界線。不混土腐植質多呈酸性反應。

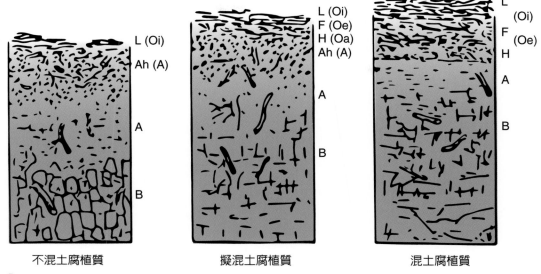

不混土腐植質（mor）、擬混土腐植質（moder）與混土腐植質（mull）等三型腐植質的圖解

(2) 擬混土腐植質：當年枯枝落葉層（L）之部分分解的 F 層，除非此 F 層內布滿植物的細根，否則此 F 層與不混土腐植質的氈狀 F 層不同，事實上是演變成 H 層（不超過 2～3 公分）的過渡層，且下半層呈機械混合作用，與其下礦物質土有摻混現象。此混合層相當厚，足以稱為 A（Ah）層。擬混土腐植質常為酸性反應。

(3) 混土腐植質：視季節而定，有時當年未形成枯枝落葉層。闊葉樹林多在生長季節快結束前才大量落葉。其間有時雖有少許有機物如枝條等呈半分解狀況，但是並不能算是 F 層。最上層土壤（除非其上還有枯枝落葉層）多可能是 A（Ah）層，是分解徹底的有機物與礦質土混合而成的土層，沒有 H 層。這種土層常有鑽孔微生動物，尤其常見的是蚯蚓。

　　上述的描述多強調土層的形態學，是可觀察而得。但是許多土壤，經過破壞、樹種變遷或土壤動物族群變化，亦可形成類似混土腐植質。其實欲分類此種類型，應同時說明實際的外形及測定其性質。林地腐植層的累積量與化學組成均受到相當的重視，因為該層代表有機物與養分留存的倉庫。森林腐植層的累積量呈梯度增減，此亦影響林木的生長。

第六章

土壤生物

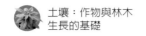
　　土壤生成化育的五大因子中，「生物」因子包羅了所有的生物，不論是低等的抑或高等的，活動於土壤內的抑或是生存於土表以上的，動物抑或是植物，甚至人類亦皆被列為組成的一員。至於「土壤生物」的範圍較狹，最明顯的區分，為不包括大型植物的地上部分及大型的野生與飼養的非穴居性動物，但植物的根、穴居的及暫時性穴居的各種動物，例如齧齒類動物、爬蟲類及昆蟲類等皆可被視為其一部分。土壤生物中最重要者為微生物，例如細菌類、放射（線）狀菌類、真菌類、藻類、原生動物、濾過性病毒及根圍微生物等。

　　土壤的生產能力時常被視為與土壤中有機質的含量有直接的關係。但作物不能直接利用落葉、枯枝、動物排泄物及遺體，需要經過土壤生物，特別是微生物的消化與分解作用，以生成腐植質，並將其中的氮素成分轉變成氨或硝酸態氮，將矽、磷、硫、鎂、鉀等轉變成可被作物吸收的形態方能被利用，同時透過腐植質的影響，改善若干土壤的物理與化學性質，有助於土壤生物的活動與滋生，進而促使土壤生產力的提高。

　　在森林土壤內外活動之生物體，對於森林土壤之化育、岩石、礦物質之風化、礦物質與有機質之混合、生成腐植質之種類與性質，甚至對其他土壤物理化學性質亦皆有直接與間接影響。相反，土壤生物體之存在量、種類與活動亦受氣候情形、土壤性質與植物種類等因素之控制。因此在土壤內外活動之生物體與森林間有極密切之關係存在。總之，土壤中有機物的含量與其總生物族群的分布有密切的關係，因為有機物為土壤生物體之能量及食料的來源，而在生物體的活動過程中，有增添與作物生長有關的各方面有利情況，因而改變作物的生育環境，而且在此因果循環過程中，土壤生物為不可或缺的。

土壤中占多數的動物種類

動物名稱	代表動物名稱
線蟲類（Nematoda）	線蟲
腹足類（Gastropoda）	蝸牛、蛞蝓
貧毛類（Oligochaeta）	蚯蚓
甲殼類（Crustacea） 　等腳類（Isopoda）	草履蟲、沙蚤

（續下頁）

動物名稱	代表動物名稱
蜘蛛類（Araneae）	蜘蛛
倍足類（Diplopoda）	千足蟲
唇足類（Chilopoda）	百足蟲、蜈蚣
昆蟲類（Insecta）	
彈尾蟲（Collembola）	跳蟲
膜翅類（Hymeroptera）	蜂、蟻
鞘翅類（Coleoptera）	甲蟲的幼蟲
鱗翅類（Lepidoptera）	蝴蝶的幼蟲
雙翅類（Diptera）	雙翅類的幼蟲
哺乳動物（Mammalia）	鼠、鼹鼠、土撥鼠及草地狗等

土壤動物區系

　　土壤動物區系（soil fauna）是指凡動物之生命期全部或有一段期間生活在土壤內者均屬之。某動物只在生命的某時期內生活於土壤內者，稱為土壤動物區系的一部分。學者曾將這種只在某生命期生活在土壤內的動物歸成四類：

1. 暫居動物區系（temporary fauna）

　　是必須要在土壤生活短暫時間者；諸如各種幼蟲。

▎　暫居動物（幼蟲）

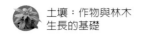
2. 偶居動物區系（periodic fauna）

為不定時出入土壤者。

3. 局部動物區系（partial fauna）

兼具上述性質，雖是暫居，為在動物氣生期（aerial phase）是偶居者，例如黃蜂（digger wasps）。

4. 過渡動物區系（transient fauna）

是在不活動（休眠）期生活在土壤者，例如蟲蛹。

除了基本上用分類學系統去分類土壤動物外，尚可根據其他方式來分類，例如以個體大小，生棲地與活動度（多根據主食分類）來區分。個體大小的分類法可分為三類：

1. 大型動物區系（macro-fauna）

凡體型大於 1 公分的動物均屬之，包括蚯蚓、脊椎動物（vertebrates）、軟體動物（molluscs）及大型的節肢動物（arthropods）。

2. 中型動物區系（meso-fauna）

體型介於 0.2 ～ 1 公分，包括蟎（acari）與跳尾蟲（collembola）、壺蟲（potworms）及較大型的線蟲（nematodes）。最小的中型動物體型差不多是常用放大鏡看到的極限。這類動物體型亦可稱為次中型動物（meiofauna）。

3. 微小動物區系（micro-fauna）

體型小於 0.2 公分的生物，包括原生動物（protozoa）及小型蟎類與線蟲。

某生物喜居的棲息地雖然相當重要，但是基本上是表現該處能供應生活所需

的食物、氧、水及生活空間的程度。這種生存條件不但因土壤本身而異，而且隨著該生物在土中遷移活動、該生物的生命期，或季節活動性，故生存需求條件也會改變。學者以動物的棲居地相關性來闡述動物：

1. 棲居地表枯枝落葉的動物

受個體太大無法深入下層土壤孔隙中的緣故，例如蝸牛類。

2. 能生存於土壤孔隙空間系統（包括林地腐植層）及裂隙、孔道的動物

此時土壤結構便成為關鍵因子，因為這類生物無鑽孔道的能力。其中許多對於土壤孔隙內水與空氣比例組合亦相當敏感，並包括孔隙為水充滿後不能耐嫌氣環境的動物，但是也有許多小動物只能生存於土壤粒子外的水膜內才呈現活動狀態，故對土壤乾燥時具敏感性。

3. 具鑽孔能力的動物

諸為蚯蚓與部分蟻類，在土壤中能靠本身力量，開闢孔隙。它們活動之時，兼具土壤中重要的土壤物之移動與混合作用。哺乳類鑽穴行為的重要性多在局部地域。

土壤動物區系的活動力，基本上與其食性及活動有關。某些動物依賴其他動物為生，是肉食性；原生動物捕食細菌類與其他原生動物；蟎是其他節肢動物的原料；蚯蚓偶然淪為鼴鼠（moles）與肉食蝸牛類的食物；另一群動物區系則依賴生活的植物為主，例如某種線蟲（nematodes）寄生在某些植物的根部。有些動物捕食真菌、綠藻與細菌類；另又有動物，尤其棲息林地腐植層（forest floor）動物，依靠植物殘體為生。這類腐食性生物（saprophagous organisms）所能消化的往往是需要先經過微生物分解作用後的植物殘體。土壤中動植物族群的各種功能運行是縱橫交織，相互環銜成異常複雜的形態與食物網。土壤動物的種類如下：

(1)陸地脊椎動物（land vertebrates, macro-fauna）：脊椎動物的移動性大，其中重要者多屬哺乳類，為在地表上活動、棲息和潛居於土壤中，例如有些像蜥蜴類（lizards）、蛙類（frogs）、蛇類（snakes）大多分布在表土，以昆蟲或蚯蚓

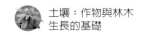
等爲食。又如野兔（rabbits）、鼴鼠（moles）與鼠類（voles）等爲常見的掘穴哺乳動物，所遺留的洞穴易爲根群延伸，是土壤內的「有機管道」（organic conduits）。於是由於開鑿地道、搬運食物、遺棄食物廢棄物、排泄物及遺體於土壤中，結果可使表土與底土混合，讓土壤疏鬆，有利於空氣與水分的流通，促進有機殘體分解、植物養分循環與土壤發育。於草原森林過渡帶的土壤囊頰鼠（gophers）是土壤中相當活躍的動物。小型哺乳類的消耗種子量有時相當可觀，尤其族群最盛期，可能威脅自然更新。野鼠（mice）的環剝幹莖行爲可能成爲林木早期成長的致命傷害。

(2) 節肢動物（Arthropoda）：

① 甲殼類（macro-fauna）：最重要者爲鼠婦類（saw bugs, pill bugs）、等腳類（isopoda）與千足類〔decapoda，如小龍蝦（crayfish）〕。本類體型不大，但活動力極強。前兩者專以落葉或木材爲食料，故可促進新鮮有機物分解。後者常潛居於排水不良處，能開鑿隧道，有助於水分宣洩及空氣流通。

② 蜘蛛類（macro-fauna）：如蟎（mites）、僞蠍（false scorpions）及眞蜘蛛（spiders）等皆屬之。對有機物之分解與腐植質之生成皆有若干貢獻。蟎類亦爲森林土壤中分布最多的中型動物。有學者認爲蟎是所有土壤動物中最重要的動物。土壤動物區系中屬於蟎的亦達數百科之多，而且蟎類是林地腐植層最多盛的動物。主要靠植物殘體爲生，故對破碎林地腐植層的重要性不可忽視。此外，若干蟎類對土壤剖面的有機物垂直搬運深具功效。

③ 倍足類與唇足類（macro-fauna）：倍足類中以素食性之千足蟲類（millipedes）最爲重要，唇足類以肉食之百足蟲、蜈蚣較爲重要。在土壤中因體型較大因而數量較少。千足蟲類以消耗失去生命之有機物爲主，間有消耗眞菌之菌絲者。百足蟲與蜈蚣等可侵害多種大小體型及種類之動物。森林土壤內屬於千足的生物種類繁多，多分布在地表有機層內，其中若干種會潛入較深的礦質土，以越過多霜期。

④ 昆蟲類（meso-fauna）：在土壤動物的數量上占有很高的比例，其中彈尾蟲（跳尾蟲，collembola）爲原始的昆蟲，爲數量最多、分布最廣的一種昆蟲。彈尾蟲與蟎一樣，皆爲森林土壤爲數甚眾的動物。彈尾蟲之命名來由是因爲大部

分蟲的腹部具有曲卷的彈跳器官。此器官跳動時，蟲身便會躍向空中。彈尾蟲多分布在淺土層處，如果土質鬆軟，亦可潛入礦質土壤。一般而言，彈尾蟲多慣於生存在含有機物多的擬混土腐植質（moder）與不混土腐植質（mor）型土壤表層，而次為混土腐植質型中。這些可能與食性有關，彈尾蟲喜食真菌及其孢子，可供彈尾蟲的食物種類其實很多，包括生與死亡的植物體、排泄物、細菌與綠藻類。

其次為蟻類（ants）的螞蟻與白蟻（termites），可促進土壤風化、有機物分解、表土與底土混合及空氣與水分的流通，在熱帶與亞熱帶土壤中之分布及作用，遠勝於溫帶及寒帶土壤。在熱帶與亞熱帶森林處，白蟻會搬運土壤並使之與有機物相混。白蟻居棲之處有蟻塚。造塚蟻類在無礫上層堆建完成蟻塚以後，該層常有下移之虞，造成坡地的土壤蠕動（soil creep）現象。

土壤中蟻類的巢穴

(3) 軟體動物（Mollusca, macro-fauna）：以腹足類之蛞蝓（slugs）及蝸牛（snails）為主，是闊葉樹林下土壤內常見的軟體動物，尤其含鈣高的土壤。軟體動物間的食性相差很大；有的是吃活植物；有些是腐食性，消耗枯枝落葉；有的為捕食性（predatory），以吃蚯蚓為生。

土壤中的腹足類遺骸

(4) 環形動物（Annelida, macro-fauna）：以蚯蚓（earthworms）最為重要。蚯蚓喜居溼潤、溫暖而富含有機物及有效性鈣的環境下，而有機物含量低的酸性土壤（pH < 4.5）或乾燥地區及寒冷（秋末迅速凍結）地區，皆不適於生存。因此在自然環境中蚯蚓的分布有很大差異，可自每公頃數百條以下至一百萬條以上。由於蚯蚓的活動，可以想像其可促進有機物之分解、礦物質及有機質之混合、增加土壤孔隙、有助於水分滲透與增加保水容量，可促進優良耕地的生產力，但蚯蚓並不能將有機物含量低之受侵蝕土壤轉變成為生產力高的土壤。

蚯蚓——土壤中最為重要的土壤動物

留在土壤表面的蚓糞，混合有機質與礦物質土壤

(5)輪形動物（Trochelminthes, meso-fauna）：如輪蟲（rotifers, wheel animalcules），體型小，在森林土壤中數量甚多，但其作用尚未完全明瞭。

(6)圓形動物（Nemathelminthes, meso-fauna）：主要有線蟲（threadworms）、圓蟲（roundworms）與真正圓蟲（true roundworms, nematodes），均常見於土壤中。在農業上，最宜注意者為寄生性圓蟲或線蟲，因可使甚多種植物受害，如番茄、胡蘿蔔、若干種牧草、觀賞植物、果樹及林木等。

(7)扁形動物（Platyhelminthes, meso-fauna）：最常見的為渦蟲（turbellaria）與蛭蟲（trematoda）。喜愛棲息於潮溼土壤中，能危害人畜，但對於作物生產與腐植質形成之影響，則不十分明瞭。

(8)原生動物（Protozoa, micro-fauna）：是單細胞原始生物，常生活於土粒表面的水膜中，在富含有機物、其他微生物存在量多且溼潤之表土中分布最廣，但對有機物的分解與其他微生物的活動影響不大。微小動物區系中的原生動物是土壤動物中型體最小的動物。土壤中的原生動物有三型：鞭毛類（flagellates）常出現在有機物豐富的地方；偽足類（rhizopods）是典型變形蟲類（amoeba），對食物的需求因種類而異，有些捕食細菌類及其他肉食生物，有些吸收分解有機質的基質（substrate）；纖毛類（ciliates）主要以細菌為食。

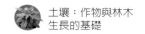
土壤微生植物區系

　　土壤微生植物區系（soil microflora）的生物由細菌、眞菌、放線菌及藻類等四類組成。與土壤動物相同，微生植物亦可從種類、族群及活動力等三方面來討論。爲便利起見，將種類區分爲自行取得碳組成個體的自營生物（autotrophs）及自複雜有機物中取得碳源個體的異營生物（heterotrophs）兩類。而藻類與細菌、放線菌及眞菌不同之處爲綠藻是含綠色素的自營生物，具有光合作用的能力，故可稱爲光自營生物（photoautotrophs），以別於利用無機氮、鐵、硫化物的氧化作用取得能量的化學自營生物（chemautotrophs）。自營生物需自外界取得能源，才能將二氧化碳的碳合成爲個體，故與異營生物自無機物中取得碳比較，則消耗能量較多。土壤微族群亦可分爲需氧氣維持活動力的好氣生物（aerobes）及生存於無氧環境的嫌氣生物（anaerobes）。這種分類根據並不明晰，因爲有許多雖然偏好通氣環境，但亦能生存於兩種環境，稱爲兩可性（facultative）生物。在通氣順暢的土壤，水膜及水膜間便成爲嫌氣生物的微棲息場所。

1. 細菌（bacteria）

　　從數量或種類上而言，皆爲土壤中含量最豐富的微生物。爲球狀、短棒狀、螺旋狀或絲狀的單細胞微生物，大小僅千分之幾公釐或以下，以短棒狀菌數量最多。據估計一克富含有機物之肥沃表土含有細菌數可超過 10 億個。細菌類可以依據其外形——桿狀（rod）、球狀（cocci）或孢生芽孢桿菌（spore-forming bocilli），或依據染色反應，例如分爲格蘭氏陽性反應（gram positive）或格蘭氏陰性反應（gram negative）來分類。但是以土壤族群的觀點，似乎以生理功能，尤其是其碳與能量來源爲基礎來分類細菌更具意義。細菌依其攝取能源的不同，可粗分爲兩大類：

(1) 異營性或他食性（heterotrophic）：以有機碳爲能源者，限制細菌繁殖的主要因素是食料不足或缺乏有效的能源。細菌所需的主要基質爲簡單化合物——碳水化合物與澱粉類，而兩者均極易分解消失。其他比較複雜的碳水化合物類，例如纖維素與半纖維素，與含蛋白質等物質一樣需由細菌的外細胞酵素來水解（hydrolysis）。好氣細菌要在土壤 pH 值高於 6.0 的條件下才能強烈發揮分解纖

維素的功能。學者認爲負責分解林地腐植質的微生物是眞菌類，而依次爲細菌類。若干嫌氣微生物如梭狀芽孢桿菌屬（*Clostridium*）能分解纖維素。許多好氣及嫌氣細菌能分解半纖維素，這或許是土壤中半纖維素較纖維素早消失的原因。蛋白質的分解作用可由若干好氣與嫌氣細菌完成。蛋白質分解作用的化學反應有數種，同時會產生中間生成物，一種常見的最終生成物。這種將有機物分解爲無機物的礦質化作用（mineralization）相當重要，一部分可供應其他微生植物區系的氮，另一部分是供應高等植物所需的氮。微生物吸收氮及其他元素養分，並將之構成其個體組織的原生質，稱爲生物固定作用（immobilization）。

森林土壤中異營細菌分解複雜有機物的總作用實在不易評估，但是在酸性森林土壤中，細菌的分解作用遠不如眞菌來得重要。細菌的功能類似土壤動物內臟的細菌，有助於體腔內植物殘體的分解作用，故相當重要。

(2) 自營性或自食性（autotrophic）：以二氧化碳及碳酸鹽作爲唯一的碳源，並由氧化無機元素或化合物或自光波取得能源，供還原二氧化碳或其他作爲生命過程之用者，例如亞硝酸生成菌、硝酸生成菌、鐵氧化菌、錳氧化菌等。可以根據利用的化合物來討論這類微生物。

① 氮：許多有機物分解作用可以產生銨態氮，主司分解過程的微生物，通常包括亞硝化毛桿菌屬（*Nitrosomonas*）、硝化膠桿菌屬（*Nitrobacter*）、亞硝化囊桿菌屬（*Nitrosocystis*）與亞硝化膠桿菌屬（*Nitrosogloca*）。將銨態氮氧化爲硝酸態氮，稱爲硝化作用（nitrification），通常包括二個步驟。

第一步是靠亞硝化毛桿菌屬（*Nitrosomonas*）將銨態氮氧化成亞硝酸態氮：

$$2NH_4^+ + 3O_2 \rightarrow 2NO_2^- + 4H^+ + H_2O + 能量$$

第二步是靠硝化膠桿菌屬（*Nitrobacter*）細菌再將亞硝酸態氮氧化爲硝酸態氮：

$$2NO_2^- + O_2 \rightarrow 2NO_3^- + 能量$$

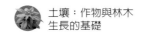
土壤若累積過量亞硝酸態氮對高等植物會產生毒害，但是在天然土壤中並不常發生這種狀況。銨態氮陽離子（NH_4^+）可被黏土—有機膠體貯留，而硝酸態氮（NO_3^-）可能易自土壤中淋失。這種差異對於高等植物喜好何種化合態氮來源及淋洗作用較盛的土壤，顯得重要。

土壤具有圓—中性反應（circum-neutral reaction，接近中性的 pH 值）者，硝化作用則趨活躍；如果要使其微生物處於活動狀態，則溼度與溫度必先符合條件，同時亦要供應銨態物質才能進行硝化作用。酸性森林土壤（pH 值低於 5.5）的硝化作用並不盛行。

與硝化作用相反的是許多細菌利用硝酸態氮而不是用氮氣取得氧，例如芽孢桿菌屬（*Bacillus*）、僞單孢桿菌屬（*Pseudomonas*）、無色桿菌屬（*Achromobacter*）及其他屬可將硝態氮還原爲氮氣（N_2）與一氧化二氮（N_2O）氣體。這種逆硝化作用（de-nitrification）似乎在嫌氣環境下進行，並需要有硝態氮的供應及圓—中性反應（circum-neutral reaction）。有報告指出：唯有 pH 值高於 5.5 的情形下，逆硝化細菌族群才能繁衍到占據重要地位。另外，土壤亦可在某種化學反應下才發生氮的揮發逸失：pH 值超過 7.0，氨氣可能揮發逸失，酸性土壤中的亞硝酸鹽可能分解爲一氧化氮（NO）氣體。

② 硫：有幾種細菌可利用無機態硫。有些常見的細菌可將元素硫氧化成爲硫酸，森林苗圃經營時常施硫粉來散化土壤。其他細菌可利用動植物殘體的分解作用釋放出來的硫酸鹽。有些嫌氣細菌將硫酸鹽還原成硫酸氫（H_2S）；但是土壤 pH 值低於 5.5 時，這類微生物的活躍度便趨微弱。研究報告指出：中性至微鹼性（pH 7 ～ 8）土壤在嫌氣環境下，此類細菌是鐵與鋼腐蝕的主因，因爲其所產生的硫化物會與鐵作用，產生硫化亞鐵之故。

③ 鐵與錳：鐵細菌將亞鐵氧化成三價鐵，產生氫氧化鐵。相反的，在嫌氣環境下，另外其他細菌又會將氫氧化鐵還原，產生可溶性亞鐵化合物。因此，在排水不良及灰黏浸水環境（gley condition）時，在改變鐵化合態並呈色澤變化的現象均可能是鐵細菌活動的部分結果。鐵化合物的氧化與還原作用的各種現象，似乎與鐵變化的反應如出一轍。

細菌亦可依其需要或不需要自土壤空氣中取得氧氣而加以區分：

(1)好氣性細菌（aerobic bacteria）：必須自土壤空氣中取得氧氣或在土壤通氣良好的情況下方能適於生存並營正常生活過程者。

(2)兼氣性細菌（facultative bacteria）：若干細菌在土壤有氧或缺氧情況下皆能生存者。

(3)嫌氣性（厭氧性）細菌（anaerobic bacteria）：若干細菌在土壤空氣中有氧氣供給狀況下能生存者。

2. 放射（線）菌（actinomyces）

為細菌與絲狀菌（黴菌）之中間型的絲狀、單細胞微生物。放射菌的繁殖係依細胞分裂與孢子而增殖，存在於任何土壤中。土壤中存在的數量據過去以培養皿法測計，每克土壤中約在 10 萬至 3,600 萬個之間，數量與細菌相比則屬甚少。放射菌分解有機物力強，新鮮有機物亦可分解，且不易分解之木質素（lignin）亦可被相當完全的分解。一般的特性為怕酸性，pH 5 以下時其生育即顯著衰退。

放射菌類雖然多分布在酸性弱的草地或農地土壤，但是亦分布在森林土壤中。放射菌類是異營生物，能分解纖維素與半纖維素，以及若干易遭分解的簡單醣類。有些放射菌可分解幾丁質（chitin）。放射菌是許多非豆科植物中固定雙氮（N_2）作用的共生體（symbiont）。

3. 真菌（fungi）

真菌是異營生物，以好氣性為主，真菌在所有的土壤中都很重要，因為有耐酸的能力，故在酸性森林土壤中顯得特別重要，是分解森林土壤中許多複雜的有機化合物的主要微生物。其次，若干種真菌係屬有效性木質素分解者，在林地中因有多量木材殘體，有豐富的能量來源與食料以供生長繁殖，是造成真菌活躍的基本原因。

典型的真菌是在土壤中以單體菌絲網生存。菌絲帶顏色，容易辨認，尤其是森林的擬混土腐植質（moder）與不混土腐植質（mor）的 F 與 L 層常布滿真菌絲。酸性土壤內真菌之所以比細菌與放射菌多，可能是真菌較耐酸性，亦可能是因為土

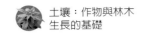
壤有機層上部的溼度有關，該層時常會乾燥，形成的環境不利細菌繼續發育。森林方面的眞菌資料大都源自研究寄生眞菌的森林病理學。「褐腐」（brown-rot）基本上是指眞菌分解纖維素後，將木質素殘留原處的現象。而「白腐」（white-rot）是指木質素分解後殘留纖維素的結果。最初，凡能利用醣類與簡單碳化合物的眞菌開始群聚繁衍——有時在植物體尚處在生活性階段，未變成枯枝葉之前已經開始。接著淪爲纖維素分解的生物，最後由能分解最難分解化合物與木質素的眞菌群集，進行分解作用。

　　菌根（mycorrhiza）多數爲由高等植物的根與眞菌共同的組合，若依根與眞菌絲的結合方式，可分爲外生菌根（ectotrophic mycorrhiza）與內生菌根（endotrophic mycorrhiza）。外生菌根的根外包有菌絲鞘（mycelial sheath），菌絲深入細胞間隙，即著生於皮層細胞（cortical cells）中間。在皮層細胞外面的相連菌絲稱爲哈替氏網（the Hartig net），這種類型的菌根常見於溫帶地區的林木。有時若干外生性菌根的菌絲亦穿入細胞內，則稱爲外內生性（ectoendotrophic）。內生菌根多無外鞘，菌絲亦多分布在植物細胞內部，而且根內外產生許多大包囊（vesicles）。

4. 藻類（algae）

　　藻類（尤其是固氮藻類）的重要性主要爲能在裸露的礦質表土群聚營生，開始進行有機碳與氮的累積作用，實爲土壤發育的初期階段。土壤中的藻類普通皆含有葉綠素，幾乎所有的土壤表層中皆有藻類分布。藻類最適宜生存的環境爲土壤溼度大、有陽光直射的處所。土壤中常見的藻類可概分爲矽藻（diatom）、綠藻（green algae）與藍綠藻（blue green algae）等三大類：

(1) 矽藻：矽藻類之最主要特徵是其細胞壁中含有多量的矽酸。矽藻類可分陸生與水生兩類，水生的體型較大，陸生者在酸性土壤中分布較少，在中性與鹼性土中分布較廣。

(2) 綠藻類：綠藻類之顯著特徵是具有葉綠體（chloroplast），常呈草綠色，在酸性土壤中的分布常占優勢，在中性與鹼性土壤中亦屬常見。

(3) 藍綠藻：藍綠藻與前二者最顯著的不同點在於沒有葉綠體，色素是散布在整個細胞質中。藍綠藻一般較喜歡生長在中性與鹼性環境下，在酸性土壤中的生長

較不良。許多藍綠藻能固定雙氮分子，但是其能力一般不如非共生雙氮固定細菌強。

5. 濾過性病毒（viruses）

濾過性病毒是非細胞生物，僅在動物、昆蟲、植物、真菌、藍綠藻、細菌與放射菌等活細胞中生長繁殖，體積甚小，在光學顯微鏡下無法觀察得到。濾過性病毒在土壤中的分布，目前研究較多且較為明瞭者，有細菌濾過性病毒（bacterial viruses）、真菌濾過性病毒（fungal viruses）與藍綠藻濾過性病毒（cyanophages）等，其他則尚不清楚。

根圈

根圈（rhizosphere）是根部表面緊鄰根外圈的區域，該處微生物族群的質與量因根之存在而改變的部分。菌根的共生關係可說是一個根圈效應（rhizosphere effect）的絕佳例證。研究根圈生物族群是採用一般微生物學方面的技術。可用 R/S（root/shoot，根莖比或根冠比，植物地下部分與地上部分的鮮重或乾重的比值）比來表示，亦即生存於根圈生物（如細菌等）的數目與不受根部影響的土壤生物數目的生物比數。一般 R/S 比不小於 10 ～ 20 之間。根圈效應可包括下列一種或數種相關性：

1. 根圈的生物數目增加量（尤其是細菌量）可能反映活根有機物質的分泌或正常細根的死亡。活根會分泌醣類、氨基酸類、維生素類及其他化合物，這時可能導致該處根附近比土壤他處有更多基質。

2. 微生物族群同化作用活躍，可影響該區域養分的溶解度，由於二氧化碳濃度與有機酸增加，復可影響土壤礦物的風化速率。

3. 細菌的氮轉化作用（nitrogen transformation）是高等植物的供氮量有差異的原因。研究認為某種微生物具有高 R/S 比特性者，是氨化作用（ammonification）的微生物——會使複雜的有機態氮進行水解作用（hydrolysis），結果產生銨態氮。這種作用的主要益處為使高等植物（如樹林）不但可利用銨態氮，並且吸收情形

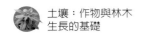
比硝態氮更迅速，例如固氮細菌（*Azotobacter*）等雙氮固定細菌在某種環境下亦是根圈的重要特徵。

4. 根圈微生物族群會分泌生長控制物，諸如奧克辛（auxins），進而影響根部發育的外形，例如有些菌根菌便有此種效應。

5. 根圈可能是寄主—病原體間關係因子。寄主分泌物，在某種方式下可刺激病原體的生育，例如最明顯的上述關係為鱷梨（avocado）的根分泌物影響樟疫黴（*Phytophthora cinnamomi*）的游動孢子（zoospores）向鱷梨根部移動的情形。另一方面，根圈的微生物族群中某些微生物可能會遏抑病原體的發育，綜如上述，松苗根的若干菌根真菌遏抑樟疫黴的侵害。

6. 微小動物區系的根圈生物族群亦可能改變土壤動物（如蟎與線蟲類）的族群，同時減少此類土壤動物可能有害高等植物的機會。

7. 根圈的生物族群與相關的高等植物習性等關係會發展為一種土壤生物族群類型，進而對該處土壤有著長期的效應。土壤礦物的風化作用速率及土壤結構的發育等二種作用，皆可明顯受到土壤微生物族群的影響。

土壤微生物

土壤之生產能力，時常被視為與土壤中有機質含量有直接關係，唯作物不能直接利用落葉、枯枝、動物排泄物及遺體，需經土壤生物，特別是微生物的消化與分解作用，使生成腐植質，並將其中氮素成分轉變成氨或硝酸態，將矽、磷、硫、鎂、鉀等轉成為可被作物吸收的形態方能被利用。同時透過腐植質的影響，改善若干重要物理及化學性質復有助於土壤生物之活動及滋生，進而促進土壤生產力之提高。

1. 土壤中重要微生物的分布

估計某種土壤生物在土壤中的活動或分布情形，有下列三種方式：(1) 土壤中存在的數量；(2) 單位體積或面積中之生物質量（biomass）；(3) 土壤生物的代謝活動（metabolic activity）。土壤中以微生物體的數量最高，微生植物區系雖然各個體皆極微，但數量極多，所以仍然屬於占有優勢生物質量者。把微生植物區系與蚯

蚓數量加起來，可達壟斷土壤中代謝活動的程度，估計總土壤代謝作用中有 60 ～ 80% 乃由微生植物區系所完成。土壤微生物不僅可破壞植物殘體，亦可在動物消化管道中作用，最後可分解所有生物體之遺體。

研究指出，不同土壤類別中微生植物區系之分布概況包括：

(1) 細菌與放射菌為土壤中占較多數量的族群。

(2) 微生植物的數量有自南向北逐漸減少的趨勢。

(3) 北部（較寒冷地帶）形成孢子之細菌數量較少。

(4) 土壤中微生植物區系之分布顯然受植物種類、氣候情況及其生活環境內所有其他情況的影響。

另外，不同類型腐植質層與土體中微小動物與植物區系分布，可以區別如下：

(1) 不同類型腐植質層中微小動物區系的分布：森林土壤腐植質層常被粗分為兩組，即混土腐植質層（mull）與不混土腐植質層（mor）。混土腐植質層代表由有機物與礦物質混合組成的腐植質層；不混土腐植質層係指稱沒有混合有機物質組成的腐植質層，其與礦物質土壤間有明顯的界限。某位置上某型腐植質層中之土壤微小動物區系分布與他處同型腐植質層中者可有很大的變異，因此很難獲得各種類的平均值。

(2) 不同類型腐植質土壤中微生植物區系的分布：森林土壤中微生植物區系之分布也如同微小動物區系之分布，變異範圍極大，若與農業土壤相比則屬於較低者。

(3) 土壤剖面中微小動物區系之垂直分布：

① 溫帶地區森林中每年降落至地面之枯枝落葉，當有很大數量的蚯蚓與大型馬陸存在時，則可迅速並完全地被崩解與組合至礦物質土壤中。

② 不混土腐植質之形成與有豐富及活躍的蚯蚓或大型節肢動物之群族存在有直接關聯。

③ 腐食性蟎類與彈尾蟲對於部分分解之樹葉及其他有機殘體的崩解是有利的，但此類生物不能破壞新鮮有機物。

④ 某些類的彈尾蟲與節肢動物可以真菌菌絲為食料，可以阻止過度稠密蓆狀菌形絲的形成。

(4) 土壤剖面中微生植物區系之垂直分布：所有種類微生物數量皆以腐植質層與 A

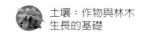

層為最高，而森林土壤因其最表層容易過度乾燥及接受強烈陽光的輻射，故最
大細菌數量可能發生於土壤表層 5 ～ 15 公分的範圍內。

(5) 微環境中土壤微生物之分布：

① 如果土壤有良好強固與穩定構造，當土壤水分狀況發生改變時，構造體的內
部與外表面之空氣擴散率亦會受到影響，於是好氣與嫌氣性細菌的繁殖也會
隨之改變。大體來說，粒團之外表面較易受乾燥與潮溼的影響，故易發生細
菌類之死亡與繁殖；在粒團內部保水力常較強，不易受乾燥與潮溼的影響，
所以細菌量會相對的增加。

② 絲狀菌的體積皆比細菌大，因此絲狀菌的分布，常集中在粒團的外表面與粒
團的間隙間。

③ 根圈（rhizosphere）為細菌集中分布的微環境，尤其以需要氨基酸的細菌分
布最多。

2. 土壤微生物的重要作用

(1) 土壤有機物之分解：複雜之動植物遺體不能為高等植物直接利用，必須將其
分解成為簡單化合物或元素態物質後，方可供高等植物取其所需。執行此類
工作，主要為土壤微生物。異營性細菌（heterotrophic bacteria）、放射狀菌
（actinomyces），及絲狀菌（hyphomycetes）三者可為代表。

其中異營性細菌，依其習性又可分為好氣性、嫌氣性與好熱性細菌三大類。好
熱性細菌為堆肥、廄肥及其他有機肥料製造過程中之重要分解細菌。好氣性與
嫌氣性細菌為溫度較高之林地重要有機物分解菌，但隨溫度之降低，或在針葉
林地內，絲狀菌與放射狀菌之活動力，往往大過細菌類或進而代替之，成為主
要分解有機物之微生物。但絲狀菌與放射狀菌之習性又稍有差別，放射狀菌比
較適宜於微酸性至微鹼性之土壤，絲狀菌比較適宜酸性土壤。故就分解有機物
之立場，絲狀菌在林地內之分布，又多於放射狀菌。

至於各種菌類之所以能分解複雜有機物而使其成為簡單物質，則主要有賴於酵
素作用。分解後之產物，不論在性質上或成分上，均隨分解環境與主要執行分
解之菌類而有差別，一般在空氣流通情形，都由好氣性微生物進行分解，最後

產物主要為腐植質、二氧化碳、水、硝酸鹽、碳酸鹽、磷酸鹽等。而在空氣不流通而含水量高情形下，主要由嫌氣微生物執行分解。最後產物主要為分解不完之腐植質，甚多中間性生成物，二氧化碳、水，及較少量之硝酸、硫酸鹽，與多種有毒氣體如硫化氫、甲烷等。

(2)氨化作用（ammonification）：含氮有機物經微生物作用而分解後，將其中之氮變為化合態之氨稱之。植物體中所含之有機態氮，構造極其複雜，高等植物無法直接利用，必須經分解後成為簡單之銨態氮，植物方可吸收。執行此類作用之微生物，種類甚多，包括好氣性與嫌氣性細菌、絲狀菌與放射狀菌皆有。

(3)硝化作用（nitrification）：此作用將土壤中之銨態氮轉變為硝酸態氮。由無機自營性細菌執行，常分兩步驟完成，第一步驟先將銨態氮氧化為亞硝酸，第二步驟再將亞硝酸氧化為硝酸。前者，在森林土壤中主要由 *Nitrosocystis* 細菌執行（農田中主要由 *Nitrosomonas* 執行）；後者，主要由 *Nitrobacter* 執行。此一作用為林業生產上的有利作用，因森林多不施肥，由此作用而生成之硝酸鹽類無疑為多數森林植物所迫切需要者。

(4)脫氮作用（denitrification）：為將硝酸態氮轉變為氣體態氮或氧化態氮，而向空中散失之作用。執行細菌多為嫌氣性細菌，此在林業生產上極為不利。在排水不良、空氣不流通及有機物甚多時常發生。

(5)氮素固定作用（nitrogen fixation）：大氣中之氮氣約占 80%，但皆不活潑而無法直接供植物利用。所幸土壤中有部分微生物能將空氣中之元素態氮固定，而轉變為其體質，此等將元素態氮變固定態之氮化合物之作用，名之為氮素固定作用。

氮素固定菌可分為兩大類，即游離氮素與共生氮氣固定菌類，皆為異營性細菌，可固定空氣中之氮素以為養料。又可分好氣性（如 *Azotobacter* 菌）與嫌氣性（如 *Clostridium*），在森林土壤中後者遠多於前者。共生氮素固定菌，此類細菌主要者為豆科植物之根瘤菌，但非豆科植物如赤楊、蘇鐵等亦有之。在苗圃內種植豆科綠肥植物，可以增加土壤中氮素含量，此為理由之一。

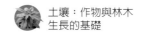

3. 其他土壤微生物與高等植物間的重要關係

所謂的氮素固定作用（nitrogen fixation），係指經由某些種類的細菌，自空氣中吸收氮素，並轉換為植物能利用的氮的整個過程。執行固氮作用的細菌若依生活方式，可粗分為游離或非共生的（non-symbiotic）與共生的（symbiotic）兩大類，豆科植物的根瘤菌（*Rhizobium* spp.）則屬於後者。

(1) 豆科植物根瘤菌的固氮作用——共生性（symbiotic）：所謂之共生現象（symbiosis）係指如豆科植物與其根瘤菌聯合生長時，豆科植物與根瘤菌兩方面皆可獲得利益：豆科植物生產碳水化合物與聚積礦物質養分，以供根瘤菌需要；根瘤菌則經由氮素固定作用而生產氮素化合物以供給豆科植物。當豆科植物沒有適合共生的根瘤菌時，就會如同非豆科植物，需要依賴土壤有機物供給之氮素，也就是說不能構成共生現象。在富含氮素化合物的土壤中，根瘤的形成較貧弱，豆科植物為自土壤中攝取大部分的氮素。過去太過重視固氮作用的功能，習慣上對於豆科植物只給予少量氮肥，但若為了增加豆粒的收穫量，則不能只靠根瘤菌，必須配合磷、鉀肥而一同施用適量之氮肥。

共生根瘤菌在土壤中可存活到 10 年，比其他微生物較喜愛在溼潤土壤中繁殖，在乾燥土壤中非常少，空氣流通不良的土壤中亦不發育，良好發育之土溫為 20～28℃，但 0℃以下不致死亡，溫度若超過 30℃則不能生成根瘤，對於日光

臺灣北部地區常用的豆科綠肥作物——田菁及其附生於主根或一部分側根根瘤

直射的抵抗力非常弱。根瘤菌亦不喜歡酸性土壤，耐酸力最弱者爲紫苜蓿及三葉草的根瘤菌，其次爲野豌豆與豌豆的根瘤菌，再其次爲大豆根瘤菌；最能耐酸者爲羽扇豆的根瘤菌。根瘤中根瘤菌的固氮能力並不相同，一般固氮力強者，根瘤的外形屬於大型者，呈薔薇色或肉紅色，表面圓滑而內容充實，常呈串珠狀，含氮量高，大部分附生於主根或一部分側根上。相反地，固氮力較弱者外形較小，呈黃白色枯萎狀，附著於根系的每個地方。

所有豆科植物根瘤菌皆屬於根瘤菌（*Rhizobium*）屬，可根據寄主植物種類，將根瘤分類成若干種品系，例如對苜蓿、香苜蓿屬稱爲苜蓿根瘤菌（*Rhizobium meliloti*）；對三葉草群者，稱之爲三葉草根瘤菌（*Rhizobium trifolii*）；對各品種大豆者，稱之爲大豆根瘤菌（*Rhizobium japanicum*）。以下所列爲七種重要的豆科植物群：

① 第一群（苜蓿群）：苜蓿、次球苜蓿、香苜蓿、葫蘆巴及其他。

② 第二群（三葉草群）：多葉型及紅三葉草、雜三葉草及其他。

③ 第三群（豇豆群）：相思樹屬、豇豆、花生、洋刀豆及其他。

④ 第四群（豌豆及野豌豆群）：蔬菜豌豆、香豌豆及其他。

⑤ 第五群（大豆群）：所有品種的大豆。

⑥ 第六群（菜豆群）：蔬菜菜豆、紅花菜豆及其他。

⑦ 第七群（羽扇豆群）：羽扇豆、塞納豆、藍花羽扇豆及其他。

有關根瘤細菌與許多豆科植物之間的共生現象早已有深入的研究，尤其是農作物方面更是研究有年。豆科植物中有許多是林木，分布在熱帶與亞熱帶地區的這種林木尤其多。以北美洲的溫帶氣候區爲例，洋槐（black locust）爲一種木本豆科植物，其根瘤系統增加土壤的氮，帶有雙氮固定根瘤菌屬（*Rhizobia*），故曾用於有機質少或缺乏鐵質的土壤進行跡地造林作業（afforestation）。

(2) 非共生或游離氮素固定作用：此類爲異營生物，具有利用空氣中氣態氮分子作爲其氮源的特點。包括有若干組微生物，最重要者爲藍綠藻（*Azotobacter*）與非共生而能獲得空氣中之氮素的菌類。在旱地礦物質土壤中，此型固氮作用顯然主要由兩組異營性或他食細菌類執行：

① 好氣性固氮菌（*Azotobacter*）及相關細菌如貝氏固氮菌屬（*Beijerinckia*）及

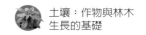

無色桿菌屬（*Achromobacter*），其中 *Azotobacter* 尤其廣受重視，此多分布在農耕地，即使土壤 pH 適宜森林土壤中亦並不多見。*Beijerinckia* 雖然生活在酸性土壤，唯僅分布在熱帶地區的土壤。

②嫌氣的或厭氣的，亦可能為兼氣性的短桿菌屬，稱之為酪酸梭狀芽孢桿菌（*Clostridium butyricum*）。該屬較固氮菌更耐酸性，也可能是許多森林土壤中比較常見的固氮細菌。

此兩屬游離固氮菌在土壤中分布頗為廣泛。*Azotobacter* 與 *Clostridium butyricum* 並非自空氣的來源獲得全部的氮素，銨態與硝酸態氮素皆極易被此類微生物所利用。

在低地水稻田土壤中，可能發生藍綠藻固氮作用。藍綠藻能利用日光能進行碳同化作用，同時固定游離氮，所以沒有必要供給有機物作為能源。灌溉水中或水稻田中已有藍綠藻的繁殖，則相等於同時添加氮素與有機物，且在水稻生長期間，似乎可以提高藍綠藻的固氮能力。

異營性固氮菌在低有效性氮素、高有機物含量的土壤中繁殖最適合，其中 *Azotobacter* 對土壤 pH 值十分敏感，在中性反應下最活躍。在礦物質土壤中，游離氮的固定作用在 pH 值降至 5.6 時開始顯著變慢，當 pH 值低於 5.0 時，接近於無固氮能力。梭狀芽孢桿菌屬（*Clostridium*）較能容忍酸性情況，雖然它也在接近中性反應時最適宜。貝氏固氮菌屬（*Beijerinckia*）普通分布在熱帶土壤中，似乎可以忍耐較寬的 pH 範圍；藍綠藻需要日光與高水分含量或甚至在浸水的情況下，在中性至微鹼性的反應下生長最佳，且僅在缺乏硝酸與銨態氮時才固定氮素。

世界上許多林地，主要的共生固氮樹種為非豆科植物。這類非豆科植物的根瘤菌與豆科植物的根瘤有許多相似之處，唯共生菌不同，主要是放射菌類（actinomycetes）。經證明或具有可能性的固氮屬植物有十三屬，包括赤楊屬（*Alnus*）、烏華烏爾斯屬（*Arctostaphylos*）、木麻黃屬（*Casuarina*）、西阿諾色斯屬（*Ceanothus*）、紫荊果實屬（*Cereocarpus*）、馬桑爾屬（*Coriaria*）、刺灌屬（*Discaria*）、仙女木屬（*Dryas*）、胡頹子屬（*Eleaganus*）、海鼠李屬（*Hippophae*）、楊梅屬（*Myrica*）、巴西亞屬（*Purshia*）及水牛果屬（*Shepherdia*）。另外也有蒿屬（*Artemisia*）與仙人掌（*Opuntia*）兩屬。

森林生態系內有根瘤菌的高等植物具有數種重要性：

(1)可在裸露的礦質土表群聚，成為該處增加氮及有機物的主要來源。此固定量雖小但是相當重要，因為對於自然或人為干擾的林地，可提供適宜環境，加速進化進展。由於這種原因，為了復舊礦渣區、風砂地與沖蝕地，時常引種根瘤植物。

(2)在天然環境下，許多根瘤植物與其他林木雜生，但亦可同時栽植。許多林區內常有赤楊類植物，有助於相關林木的生育。

(3)若干灌木類固氮植物，諸如巴西亞屬（*Purshia*）與西阿諾色斯屬（*Ceanothus*）植物是鹿的食料，故根瘤植物的含氮量較高無疑會提高其蛋白質量。

4. 對土壤微生物分布構成限制的因子

(1)基質之有效性：限制微生物生長的主要因子，為土壤中缺乏或不含有充分或有效來源的勢能。從營養的觀點來看，最主要的土壤微生物皆為異營性或他食性微生物，此類微生物為利用由高等植物或由自營性微生物合成之有機化合物；自營性微生物可能經由光合成（類似高等植物），或由化學合成之任一種方式而生成有機化合物。化學合成自營性微生物，可利用二氧化碳作為組成細胞碳的來源，以及藉由氧化元素或無機化合物以取得勢能，例如硫、鐵、氨與亞硝酸等。不過自營性微生物供給異營性微生物之有機物量，遠小於由高等植物所供給者。

(2)水分：極端的潮溼土壤與極端乾燥土壤兩者，皆不利於大多數土壤微生物的生長。潮溼土壤對於多數好氣性生物而言皆不適合，簡單地說是因為土壤孔隙中充滿水分，而減少了通氣作用；主要的限制因子為缺少氧氣，並非僅由於水分過多。乾燥土壤中，當微生物的細胞內不能獲得或保持充分量的水分以供新陳代謝作用時，會被強迫限制或完全限制其作用，但很少有個別的菌種會完全消失。當乾燥土壤重新溼潤時，各種不同的現象，例如硝酸化作用、氨化作用、纖維素分解作用或生物的氮素固定作用等，經過一段時間之後，幾乎都能安定的進行而不需要再接種微生物於土壤中。

(3)通氣：潮溼土壤皆不利於甚多種微生物生存，簡單的說是因為土壤孔隙中充滿了水分而減少了通氣作用。通常土壤所具有的水分含量較低於田間容水量時，

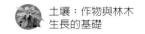

土壤孔隙中的氧含量約會下降 10～20%。在土壤孔隙尚未被水膜所隔離的狀態下，氧氣經由氣體擴散的速率，可以供給適合於微生物之氧氣需要量；但一般氧氣經由水分而擴散的速率，僅約爲透過空氣而擴散之速率的萬分之一，因此在有水膜存在的情況下，由於氧氣的濃度而限制很多種微生物的活動。如果水膜是建立在土壤表面，則土壤空氣中的氧氣量就不能無止境的供給土壤生物，土壤中氧氣消失的速度有賴於土壤生物及植根利用的速率，以及原先陷入土壤空氣中的氧氣含量等而決定此陷入土壤中的氧氣含量，又決定於地下水位的深度與土壤總容積中被空氣占據部分之容積等。

(4)溫度：對多數土壤微生物而言，適宜的土壤溫度範圍約在 25～35℃，但有甚多可以在 10～40℃的範圍中生長，以及有少數嗜熱種類能生長在 60～80℃的範圍內。一般田間很少有高土溫的情況成爲限制微生物生長的因子，不過在乾燥地區與土壤表層裸露的情況下，也會有限制溫度出現，而且在這種情況下，水分缺乏常同時成爲一項限制因子。多數的熱帶土壤在有植物群落覆蓋時，可以提供土壤微生物適合生存的土溫；相反的，溫帶與極地土壤由於季節性的發生土溫低於微生物生長的適溫範圍，常成爲限制微生物活動的因子。

(5)反應：土壤微生物普通可忍受的反應範圍約爲 pH 4～10，對大數的種類而言，最適宜的範圍約在中性稍微偏鹼的一側。氧化硫桿菌（*Thiobacillus thiooxidans*）爲一自營性或自食性細菌，可以氧化元素硫，也是土壤中所有生活生物中最能耐酸的細菌，可以忍耐 pH 0.6 的酸度。

(6)生物因子：土壤生物彼此間都會受到顯著的限制與影響。此類影響可能是直接的，例如捕食現象（predation）與寄生現象（parasitism）；或是間接的，例如當第一類微生物產生誘導基質或微環境發生改變而不利於第二類微生物生存時。

　　在微生物中時常難以對捕食現象、寄生現象與溶菌作用（lysis）之間加以區分。某一種捕食者常比被捕食者（prey）強或較有侵略性，然而在寄生現象中，一個較小或較弱的生物體普通有一段時間取食自寄主。在細菌中雖然有若干被稱爲他類細菌的微捕食者，但或許可將此類的關係描述爲溶菌作用，而非稱之爲捕食現象。微生物間的競爭現象，實際上是一種對微生物有傷害的影響，因爲其結果皆爲消費或減少其環境資源。在微生物間寄生現象是很普通的，細菌、真菌或原生動物之任一

種皆可作爲寄生物（parasite）或寄主（host）之一。

傷害對微生物的間接打擊，可因基質或微環境產生有毒害的改變。一般有兩種形式：一種爲僅供應若干物質使微生物生長情況不太適宜，例如由微生物產生之酒精、有機酸與二氧化碳等生產物，而限制它種微生物之活動，由微生物之生物化學作用導致的氧及氮素的缺乏亦可能成爲限制；另一種極端的限制作用，爲由微生物產生之產物可使其他微生物快速致死。各種抗生素（antibiotics）通常皆定義爲生活微生物所製造或導致之特殊化合物，僅需微量即可抑制或使其他種生物死亡，盤尼西林（penicillin，即青黴素）與鏈黴素（streptomycin）即爲此類之例。

5. 土壤微生物的保養

(1) 土壤微生物問題的發生：作物與土壤最直接相關爲植物根部，土壤微生物發生問題時，首當其衝的就是作物的根系，但是根系發生問題在土壤中不易被發現，等到地上部的莖葉有了症狀才能發現問題。許多土壤微生物發生問題時，若等到已有症狀，已經無法挽救，或者已經二次感染，主因再也無法偵察得到，往往失去治療的先機。農田或果園發生土壤微生物的問題，有下列幾種現象：

① 土壤病菌過多：在土壤中病菌及有害之微生物數量及種類過多，加上作物的立地條件不佳時，發病率自然就多，發病就嚴重。土壤病菌過多之原因常與連作、長期旱作、土壤鹽化等不當的土壤管理有關。

② 微生物間的不平衡：土壤微生物的種類繁多，健康的土壤有相當平衡的生態相，除非當土壤環境改變（例如有機質加入、土壤通氣性改變等），部分微生物即大量繁殖，但經一段期間後又恢復到平衡。微生物的不平衡常導致養分供應受阻或不平衡，引起作物缺乏某種養分，如果長期下來，作物必然受害，有的長期產生有毒物質，使根部受害。

③ 土壤微生物過少：有益的微生物過少常與有機質過少及不當使用農藥有關。有機質是微生物的主要生存棲所，供應碳源、養分及能量來源，有機質過少引起微生物數量減少，土壤團粒結構不好，保肥及保水能力即變差，土壤自然貧瘠。農藥使用不當或將不當的農藥倒入根部，致使根圈有益微生物大量死亡，對根部傷害甚大。

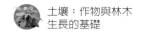
(2)保養土壤微生物的方法：

① 施用適當的有機質：有機質的供應是保養土壤微生物最有效的方法，但是要講求「適量」的有機質肥料。以往蔬菜田中常過度施用易分解性的有機質，因長年來施用過量，土壤過度有機質化及酸化，微生物過度滋生，導致根害及病害之發生。若為了一時的高產量，而忽略了長期的生產力，就得不償失了。

② 接種有益微生物：土壤中本來就有好的微生物，由於長年利用土壤，部分有益微生物的數目會降低或過少，也有部分有益微生物（例如根瘤固氮菌）原來土壤中就很少或沒有，施用有益微生物可增加其效能，例如固氮菌可增加土壤氮素來源、分解有機物的細菌可加速有機物的分解並釋放養分、菌根菌有助磷肥吸收、釋放抗生素的細菌可對抗病菌滋生。接種微生物常受土壤環境的影響，需要注意接種方法及季節。

③ 輪作栽培：多種不同的作物依次輪流栽培，可減少土壤病蟲害及有害微生物的大量繁殖，降低作物病害的發生。臺灣地區網式蔬菜栽培連作甚多，因此常發生農民所謂的「土死」現象，無法再栽種同類的蔬菜。這種問題最有效的治療辦法就是採用輪作及旱田與水田輪流栽種，避免再連作。

④ 調整土壤酸鹼度：土壤酸鹼度不只是影響作物生長，對土壤微生物的生長也有關係，每一種微生物有一定的酸鹼適應性範圍。當土壤酸化後，土壤中有害微生物的滋生，加上植物的不適應，而加強了病害的嚴重性。調整土壤的酸鹼度，可防止有害微生物的危害。一般作物適於 pH 6.0 ～ 7.0 之間，也有一些較耐酸的作物可以適應酸性土壤，例如茶、草莓、菸草等。

⑤ 勿過度使用農藥：農藥若能安全的使用並沒有大問題。為了長期保養土壤微生物的制衡功能，不當或過量使用農藥，或將噴灑剩下的液劑倒入植根附近，對有益的土壤微生物及根圈微生物是有害的。土壤殺菌劑或燻蒸劑是在土壤發生病蟲害時使用，也就是說是在「治療」時使用，若用在預防上，因改變土壤微生物的制衡，若此時發生病菌侵害，則常會發生不可收拾的後患。

⑥ 改變問題土壤之環境：病害多的土壤除上述方法之外，尚可利用改變土壤環境來保養土壤中的微生物，例如利用浸水處理或輪種水生作物（如水稻、蓮藕、芋頭等），使田間浸水來控制病菌生長，也可採用翻田日晒或火燒覆草

等方法，控制部分病菌的數目。又如客土，移去有害微生物，引進新的土壤與新的微生物。還有利用底土翻轉的方法，因底土一般有機質含量低，需施用有機質與有益微生物來加以改善。採用改變土壤環境的方法需注意計算所需的成本。

6. 土壤微生物應用的需要性

　　土壤是重要的生產因素之一，也是作物的立地之基。以臺灣地區為例，臺灣位於亞熱帶—熱帶地區，有機質在土壤中的分解很快，加上採用密集生產的栽培方式，近年來常見問題土壤的發生，而引起問題土壤的原因為連作，或過分與不當使用農用化學物質，導致土壤的物理性、化學性與生物性發生變化，土壤生態不平衡，併發土壤病蟲害及產品品質不良等後果。土壤是人類最基本的資產之一，具有生命力，一旦遭到嚴重破壞，要恢復卻非常困難，因此需要加強維護與重視。

(1) 需要應用土壤微生物的原因：

① 大量使用農用化學物質：現代農業栽培管理上，為了增產及改善產品品質，乃使用大量農藥與農用化學物質，長期以後，對有益微生物的抑制，或生態相平衡的影響不可忽視。

② 土壤受到汙染：水汙染或空氣汙染使土壤變酸或增加汙染物，在長期汙染之下，土壤微生物會受到相當的影響。

③ 栽培系統的改變：水田與旱田輪流栽培的方式是臺灣地區常見的輪作系統，而近年來所生產的食米過剩，稻田轉為旱作勢在必行。由於水田微生物與旱作微生物的活動不同，好氣菌與嫌氣菌的比例有相當的改變，水田期的有益菌不一定能在旱作期有良好的表現。由於人為有意或無意的行為下，有益微生物及有害微生物的制衡會改變，因此，在現代的栽培環境下，對原本土生土長的土壤微生物必須加以重視。

(2) 土壤微生物應用的功效及利益：

① 增進土壤微生物：有益之土壤微生物種類甚多，不同的微生物扮演著不同的角色，其中以供應植物營養、改善土壤物理性、增加養分的有效性等最為重要，例如固氮菌增加土壤氮素；分解性微生物則可分解有機殘質，供應植物

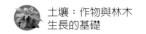
營養；溶磷菌可溶解無效性的磷，轉變為植物可利用的磷素；微生物會分泌
多醣類物質，使土壤團粒構造變好，增加土壤的優良物理性等。

② 協助植物吸收營養：植物吸收營養主要靠根毛的部分，根毛愈多，吸收的表
面積愈大，吸收能力就愈高。在土壤中的菌根真菌能與大部分的植物根共生，
菌絲伸出根部，其功能與根毛相同，可吸收更多的營養，尤其以磷的吸收最
為明顯。

營養元素的存在形式會影響吸收效率，土壤中不是各種存在的營養形式都易
被吸收；某些土壤微生物分泌一些有機酸，形成鉗合構造，便有利於吸收或
增加元素的有效性，例如「載鐵物質」（siderophores）就是如此，而且有對
抗病原菌的功效。

③ 增加植物抗病及抗旱等能力：土壤中的生態制衡，可使病原菌不致大量繁殖，
故可應用微生物對抗來作「生物防治」。菌根真菌或菌根保護菌的接種，可
以占據地盤，減少病原菌侵入根圈，形成生物的防禦陣線。菌根真菌在根系
上共生，如同根毛，有助作物吸收營養分與水分，達到抗旱的目的。土壤中
微生物的分泌增加，冰點下降，可有防寒的保護功能。

④ 節約能源及降低生產成本：氮素化學肥料的製造需要消耗大量的能源，對能
源有限或缺乏的地區，利用固氮菌可減少氮肥的施用，達到農業節約與減少
能源消耗的目標。磷素肥料來自磷礦加酸處理，施入土壤中不能被立即用光，
大部分又被固定成有效性低的磷。固氮菌及菌根真菌可幫助作物吸收氮與磷，
菌種的使用量較少，生產菌種的成本又較低，可以因節省肥料而降低農民生
產成本。

⑤ 減少環境汙染：環境保護的熱潮逐漸興起，農業的汙染亦不可忽視，過度使
用化學肥料將汙染河川、水庫及水源；水中的優養化作用使水中生物大量繁
殖，影響水體生物的平衡，尤以氮及磷的汙染需更加重視。土壤微生物的應
用，可大量減少氮磷肥料的使用，對環境汙染的危害可減少到最低。

第七章

土壤水

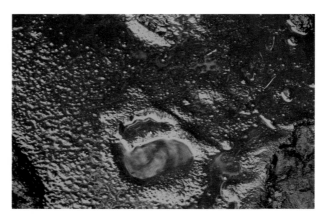

▌ 土壤中貯存的水分

　　土壤孔隙中的水，可能是以固態、氣態或液態的一或諸相存在。大部分有關土壤水的移動與貯留的研究多是液態的水，但是在某種情況下或某段時間內，氣態水與固態水（冰）也是土壤中重要的水態。土壤水隨時在變動，這種變動使得土壤含水量不斷增減。土壤中除了液態水或固態水以外的孔隙，其他孔隙幾乎充滿飽和水蒸氣。土壤水的主要移動方式是液態水的流動。

　　土壤水的貯留與移動的機制概念是基於視土壤為物理系統 —— 即土壤體為相當穩定的整體，由於各點的能量差異促使水移動。導管中之自高處流向地處是因為高處的水具有較高的位能，即與低處垂直距離有能量差。故土壤中水的移動是能量狀態差的結果：水自高能量處移向低能量處。欲了解土壤水的動向必須要知曉其能量的起源。土壤若非處於飽和水的狀態下，其實大部分的土壤孔隙並非充滿水，故水之範圍與移動作用多在非飽和水的狀態下進行。土壤類似一組複雜的管道系統，內有各種口徑不一的導管，其中有些導管為空氣所阻塞。土壤水氣的移動需要有相連的暢通孔隙，由於土壤溫差結果導致水蒸氣有分壓差，然後才有水氣的移動現象。因此，較暖處的水氣會移向較冷處，但是這種方式移動的水量與平常液態移動的水量相比較，前者幾乎微不足道。

　　由於土壤內各種孔隙系統的發生與形成及土壤具有非均質的特性，加上生物及根系的存在，均會使土壤水的移動與貯留變成複雜與不穩定。為了估計或闡釋土壤水的動態學，必須先徹底了解土壤系統內隨時隨處決定水能量狀態的基本理論。

水的能量間關係

土壤水的能量稱為總勢能（total potential）。發生的起源分述如下：

1. 重力勢能（gravitational potential）

這是土壤內的位能，因高低差而存在。水位能（重力勢能）的高低要看比另一處水的垂直距離高或低而定。

2. 滲透勢能（osmotic potential）

土壤水的另一項性質是含有各種不同濃度的溶質。由於溶質的存在，使得水的蒸氣壓降低，會影響水蒸氣在土壤中的擴散作用。這種情形對土壤水的整體移動作用的影響力不大。但是滲透勢能對生活性生物的吸水作用上有重大意義，因為生物的細胞膜是用來當作半透防線。

3. 基質勢能（matric potential）

這是土壤水的能量，由於土壤粒子的存在而有微管力及吸附力的緣故才產生的勢能。

水分子的兩個氫原子的配置不對稱，呈現極性（polarity），造成氧原子那邊過剩負電荷，氫原子那端過剩正電荷。因此，土壤粒子表現的附著力（adhesive force）可維繫水分子。粗質地土壤內的孔隙較大，借吸附力貯留的土壤水量微不足道，相反的，為細質地土壤所貯留的量可能相當多。土壤中大部分的孔隙粗細多能產生微管力（capillary force）。下圖 (1) 即為水與固體面相接觸的狀況。B 處的水分子一方面受到本身的重力作用（W），又與周圍環境的其他水分子間有內聚力（cohesive force），其與固體表面法線方向有附著力（adhesive force）產生。雖然在 C 處沒有附著力的影響，但是若向固體表面接近，附著力逐漸增加，終致液面向 A 處移動。圖 (2) 為假想的微管狀孔隙，管中上升的是水，則在 C' 點的壓力為大氣壓力減去 $(2T \cos\alpha) / r$ 之值。T 為液體（水）的表面張力（surface tension），α 是接觸角，r 是管的半徑。

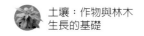

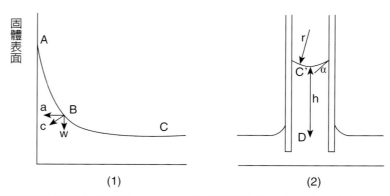

(1) 水與固體平面相接時的曲面圖。A、B、C 表示不同的位置水分子，a 為附著力，w 為水分子重力，c 為內聚力產生的合力。(2) 為水從微管內上升的情形。r 為微管半徑，α 為接觸角；C' 與 D 為垂直高差 h 的兩分子所在位置

　　在 D 處與液面等高的液體（水）分子壓力與大氣壓力相等，此壓力與 C' 處液體分子壓力之差為 phg，其中 p 為液體的密度，h 為 C' 與 D 點的垂直高差，g 為重力加速度。故：

$$壓力差 = (2T \cos\alpha) / r = phg$$

　　由於壓力差與孔隙的半徑成反比，故孔隙愈小，壓力差愈大，即微管力也愈大。倘若以微管外自由水面的能量值定為基準，設為零，則管內液面下水的能量小於管外液面自由水能量值，故應為負值。同理，在土壤內，孔隙中貯留的水所具有的能量值比同高度的自由水面的水的能量值低，故得以稱為基質吸力（matric suction），而不常以基質勢能（matric potential）稱之，意指此壓力為負值。

　　土壤中任何位置的土壤水勢能是各種勢能的總和，其中三種最重要的勢能已如前述。在森林土壤中討論水在土壤中的移動與貯留時，大多可忽略其滲透勢能，僅注重基質勢能及重力勢能即可。基質勢能的特性依賴微管力與吸附力的大小而定；重力勢能受到土壤內的垂直高差或高程的影響。因此，可利用這些物理性質推測土壤水的貯留與移動的特徵。

土壤水分的分類

　　土壤水之性質有許多種，有的對植物生長為有效或可供植物呼吸利用，其他則對植物生長為無效或不能為植物所利用。討論土壤水的目的大多是尋求其與植物生育的關係，所以習慣上土壤水含量不用總量表示，而用「有效水」（available water）來說明。一般而言，土壤吸力在 15 bar（巴）〔1 atm（atmosphere）大氣壓 = 1.01325 bar〕及 0.33 bar 或 0.1 bar 之間所貯留的水量作為「有效水量」的依據。其中 15 bar 當作永久凋萎百分率（permanent wilting percentage）的近似值，而 0.33 或 0.1 bar 視為田間容水量。在這種概念之下，將土壤水當作靜態的貯留水，以待植物吸收利用。事實上，植物需要土壤中的水是隨時變動的，唯有在土壤供水率與植物需水量不相等時，植物便發生逆壓（stress）。土壤水移動的動態通量（即 flux，單位時間與斷面積內的水流量）才是重要的關鍵因素。土壤水分分類如下：

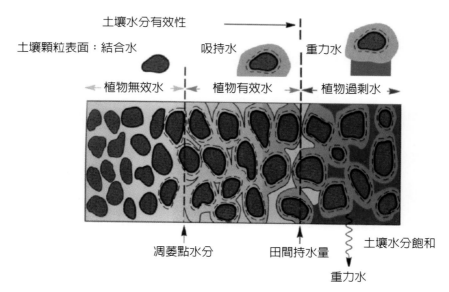

土壤在不同潮溼程度的水分

1. 化合水或結晶水（water of crystallization）

　　為以化學方式結合於土壤固體成分中，不能以 105 ～ 110℃ 之溫度逐出者，諸

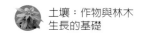
如高價鐵及黏土礦物中之結晶水，不能為植物利用，屬無效水。

2. 水蒸氣（water vapor）

為以氣體狀態存在於土壤孔隙中，常以土壤空氣相混合，屬無效水。

3. 吸著水（hygroscopic water）

一般係指土壤經風乾後所保有之水分。正確言之，係指存在於固體與液體界面而成一極薄膜包圍於固體表面上的水分。常以巨大張力附著於土壤之表面，在界面處，此張力約等於 1,000 大氣壓。在接近於吸著係數時，張力約等於 31 大氣壓。屬極不易移動之水力，植物不能利用，為無效水。

4. 毛細管水（capillary water）

為飽和土壤經排水後土壤所保持之水分。此類水分皆以微弱之張力保存於土壤毛細管孔隙中，可受蒸發影響而損失，但不受重力影響而排出。張力在接近最大毛細管水分時，約等於 1/3 大氣壓，而在最小毛細管水分時，約等於 31 大氣壓。在 31 大氣壓附近時，水分之移動極緩，不能供為植物利用。相反的，在接近 1/3 氣壓處，則甚易被植物吸收，此毛細管為最有效水分。

5. 重力水（gravitational water）

凡土壤空隙中之水分受重力作用能排出者，皆稱之為重力水。其常存在於土壤中之大孔隙內，因在土壤中停留時間甚短，故甚少為植物利用，屬無效或暫時有效水。

土壤水分的係數

土壤水分含量主要受土壤質地、構造、結構、有機物與無機物之含量及比率、孔隙大小及孔度高低等因素影響。但是每一土壤在一定環境下，能吸收保水之水分

常爲一定，故爲土壤之一特性，此等性質在實用上極有價值。

1. 吸溼係數（**hygroscopic coefficient**）

爲將土壤置於一定溫度（各學者所用之溫度不同，約有 20℃、25℃、30℃ 等數種）、一定相對溼度（各學者所用之相對溼度不同，約有 50%、74.9%、94.3%、98.2% 及 99% 等數種）下，任其與溼空氣接觸，待其吸著飽和時，定其水分含量，即稱之爲吸溼係數。該係數在土壤物理、化學性質研究上極有價值。

2. 凋萎點（**wilting point**）

爲一種臨界水分（critical moisture），其意義爲在此水分係數以下之水分，植物即無法吸收利用，開始表現凋萎現象。此係數以上之水分，植物可以吸收，而營養正常生長。凋萎點常可分爲兩種，即暫時凋萎點（temporary wilting point）與永久凋萎點（permanent wilting point）。暫時凋萎點爲植物發生凋萎現象時，當將凋萎之植物移置飽和（100%）溼空氣中，植物仍可恢復原態時之土壤水分含量，故亦爲開始凋萎點。永久凋萎點，爲植物凋萎後，移置飽和溼空氣中，亦不能恢復原態時之土壤水分含量，此時土壤張力約等於 15 大氣壓（一般植物根之吸水力皆小於 15 氣壓）。

3. 水分當量（**moisture equivalent**）

爲土壤置於一底部有孔之容器中，任其吸水飽和，在施以相等於 1,000 倍重力之離心力分離過剩水分，最後測定其水分含量，是即土壤水分當量。在實驗中測得之最高有效水分量。其意義約相當於田間容水量，爲一種在土壤水分管制上之常用數值。

4. 田間容水量（**field capacity**）

當降雨或灌溉後，土壤中水分可隨重力方向而向下移動，待重力水完全排出後，此時土壤中所保持的水分量，稱之爲田間容水量。此爲在田間狀態土壤所能保

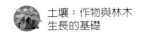
持之最高有效水分量。

5. 最大保水容量（**maximum retentive moisture**）

其意義與田間容水量略同，亦爲最高有效水分之係數，在日本方面常用，屬實驗室測定法之一種。

6. 黏著點（**sticky point**）

乃土壤與水混合後，以手觸之，土壤不至於附著手指上時之水分含量。此水分係數，在實用上甚有價值，因爲在此水分含量狀態下，耕耘可不破壞土壤構造。

水的移動

水之移動可爲液態與氣態，唯氣態量微，故本節僅討論液態水之移動。爲了便於說明，就土壤飽水和時的流動先討論。流量 q 可用 Darcy 定律的方程式表示：

$$q = K \Delta H / L$$

其中 $\Delta H / L$ 是水力梯度（hydraulic gradient），亦即單位長度的水頭（hydraulic head）差。K 爲比例係數，稱爲導水度（hydraulic conductivity）。

上述飽和水流動方式亦可用作模式，解說土壤中更常見的情況可以定量非飽和水的流動。非飽和水的流動所需的水勢能梯度不是靠水力梯度而是驅動力（moving force），此種驅動力的主要分力爲基質勢能，亦即吸力（suction）。其比例因素 K 亦需加以修正，代表一種導水度，與水勢能差有關。非飽和水與飽和水的流動相較，前者的水導度需經相當大的修正。

1. 在飽和水的土壤情況下，所有大大小小的孔隙都充滿水，但是在非飽和土壤情況下，水流動的孔徑並沒有一定。基質吸力高處的水，透過較小的孔徑，流向吸力較低處。根據 Poiseuille 定理，水流速度的大小隨水管半徑的四次方而變；故管半徑減半，則流速減慢 1/16 倍。

2. 當水自基質吸力較低（高能量）的位置向吸力較高（低能量）處流動時，實際上，較粗孔隙的水會先開始逐漸移動。當較粗孔隙沒有水的時候，便充滿空氣，這時對與較大孔隙相連的較小孔隙而言，較大無水孔隙成為水移動的障礙了。這時水移動路線更加曲折與更加間接，連帶的導水度便下降。

　　非飽和水土壤的導水度極易受到大小相異的孔隙的孔徑、連通性及相對量的影響。若為粗質地土壤（例如砂土）接近飽和水狀況時，其內水的導水度會大於相同低基質吸力的細質地土壤的導水度。此時若基質吸力逐漸增加，水便相應地開始移開（即受了能量狀況而作的反應），則粗質地土壤的導水度下降幅度遠大於細質地土壤的導水度下降度。

　　當水進入乾燥土壤時，類似舞臺的落幕，只要水源不斷，乾溼的界面不但是動態徐徐前進，而且界面異常分明。此界面稱為溼潤鋒面（wetting front）。一般常見的溼潤鋒面是往下移動的，但是由於基本上水移動是順土壤水的基質勢能（吸力）差的方向，故早期的溼潤鋒面應是以進入點為中心向四方等距離散開。在溼潤鋒面的裡面形成一幅寬度帶，稱為溼潤區（wetting zone）；溼潤區內的水梯度不若乾溼界面處的水梯度那麼陡。再往裡面，不包括灌入水的地點，稱為傳水區（transmission zone），其水梯度平緩，基質勢能也最高。

　　上面所述只是乾土溼潤的現象。在自然環境下，水多是進入已經溼潤的土壤，故溼潤鋒面受了較平緩的水梯度影響也較散開。只要水源不斷，溼潤鋒面不會停頓移動。當供水停頓，其後土壤水的移動便受制於土壤的質地與結構等性質了。若為結構不錯的粗或細質地土壤，溼潤鋒面的移動逐漸慢了下來，約在一至二日後便無法察覺。就某些細質地的土壤，溼潤鋒面的移動雖然愈來愈慢，但是有時含有可持續數月之久。

　　當鋒面穩定之後，鋒面後面的傳水區的水含量，常稱為土壤的田間容水量（field capacity）。過去的田間容水量是指經過飽和水的土壤，經過二、三天的時間自由排水，實際上排光以後的該土壤之含水狀態。但是這種情形不常發生在排水順暢的土壤。基於這種理由，加上因為田間容水量亦用來作為說明土壤受降雨或灌溉作業數日後土壤呈穩定狀態時的含水量，故上述情況得到的土壤含水量若以田間容量表示，則並非恰當的數值。根據試驗經驗，許多土壤的田間容水量相當於基質勢能為

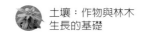

0.1 ～ 0.33 大氣壓力下的含水量。可以推測的是，細質地土壤內的溼潤鋒面一直不斷的移動，故無田間容水量的情形存在。

　　另外，土壤的水狀態是瞬時變化不停的。不論是自降雨或自地下水位上升的水，進入土壤後必遭重新分配。在一年四季或某段時期，蒸散作用使水自地面逸失，或自根群的吸收作用而耗竭。即使處於同一土壤，某處可能正處於溼潤階段，彼處正在進行變乾階段。下圖說明含水量與其基質吸力間的關係。當吸力遞增時，含水量遞增，可用連續乾燥曲線表示。溼潤現象亦為一種連續曲線，但與乾燥曲線有別，在吸力變化的大部分範圍內，在同一吸力條件下，乾燥曲線的含水量永遠高於溼潤曲線的含水量。這種現象稱為滯後效應（hysteresis），即含水狀態是沿能量梯度（土壤吸水力）方向而進行。下圖的連續曲線稱為土壤水分特性曲線（soil moisture characteristic curve）。很顯然的，每種土壤的這種曲線不只一條，而滯後效應發生的原因有數端：

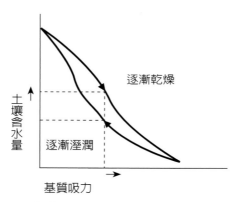

土壤以乾燥循環（drying cycle）與溼潤循環（wetting cycle）所呈現的土壤含水量與其土壤水吸力間的相應關係效應的影響

1. 土壤含水量發生變化時，可能會引起土壤收縮或膨脹的現象。尤其是許多土壤含有大量某種類型黏土礦物或（與）有機物。這種物質具有膠體性質，不同的含水量下呈現容積也不同，結果孔隙的粗細及配置也會改變。這種性質並不會引起滯後效應，但是會促成土壤水對吸力曲線的逢機差異。有機質低的粗質地土壤不太受這種現象的改變。

2. 當溼潤進行時，土壤後扣住空氣，這種結果使得在相同的吸力下，溼潤曲線的含

水量低於乾燥曲線的含水量。

3. 「墨水瓶效應」（ink bottle effect，由學者 Hillel 提出）。墨水瓶效應存在於界面處，即界面處的吸力必須要超過其中最小瓶頸或最小半徑的孔隙內的水吸力，水才會移動。相反地，如果圍成的空間已無水存在，而且欲從界面向該孔再度充水，必須要由最大的半徑孔隙的吸力大小來決定。

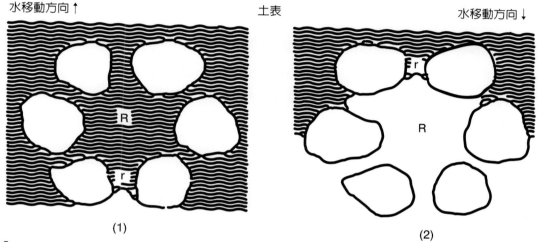

「墨水瓶效應」的圖解法。(1) 自大孔隙半徑 R 中移走水乃視小孔隙半徑 r 的基質吸力而定。(2) 使空大孔隙半徑 R 充水，要先使 R 的土體吸力超過孔隙半徑 r 的土體吸力

　　土壤的水曲線有若干通性。粗質地土壤的水多存留在低吸力（高基質勢能）範圍，而細質地土壤則在吸力範圍內的含水量相當均勻，同時細質地土壤亦能貯留更多的水量，即總貯水量較高。

重要的水分貯藏方式

1. 水分貯藏在表土中

　　砂質土壤每呎深度約可保持 1 吋水分；黏質土壤每呎深度約可保持 1.5 吋水分；壤質與坋質土壤每呎深度約可保持 2 吋水分。

　　大多數植物的根約可伸達 4 呎的深度，因此根圈內可能保持之總水量約在 4 ～

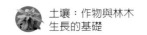
8 吋之間，而依照土壤質地、構造與有機物含量等而改變。貯藏的水分中約有一半可有效於植物利用，因爲有若干由蒸發而損失與若干被土粒緊密吸附而植物無法利用。植物能攝取的水分僅限於 1/3 ～ 15 大氣壓張力所保持的水分。

必須注意的是，土壤水分保持容量（water holding capacity）並非指所有土壤能眞實的保持此量的水分。在乾燥及半乾燥區與溼潤區的少雨季節，土壤實際保持的水分量可能很少。例如美國平均土壤貯水力約有 6 吋，但實際因爲少雨，眞實的平均貯水量據估計約在 3.7 吋左右。

原始森林土壤在表面聚積一層有機物，其作用尤如海綿以增加水分的滲浸（入滲）。當洪水氾濫時，由於枯枝落葉能吸回甚多水分而保持在原地，於是使得此部分的水不會助長洪水波峰；另外，貯藏在腐植質中的水分，大部分又能變成有效於植物生長，所以森林對於防止逕流可發生極大的功效。

2. 水分作爲地下水而貯藏

地下水乃由於雨水、雪融化水經由土壤孔隙、植物根孔、動物隧道、土表砂及礫石層等向下移動匯聚而成。地下水的底部多由若干種岩石、黏土或其他物質組成之不透水層所構成，因此地下水能保持相當穩定或移動至他處形成噴泉或供作井水。

3. 水分貯藏於農塘及水庫中

農塘與水庫皆係蓄水設備，屬於防旱的治標方法，皆有一定預估的有效年限。如何減少逕流量的損失、如何減低泥砂的年淤積量、如何提高地下水位或防止地下水位下降、如何更新農塘與水庫的貯水量與如何減低大面積水域的蒸發量等，才是治本的方法。

土壤有效水分的管理

水在植物生理上作用，不僅爲吸收養分，且對運輸分配體內養分和同化產物等方面均有關係。故對於土壤水分之知識，是不可缺的。土壤水對人類的重要性不但

繫於人類需要直接利用土壤水量，而且人類賴以維生的植物亦需要水來維生。由於太多其他的生物與化學作用，若欲藉土壤方能維持生命，則水是生物不可或缺的物質。水是土壤的「命脈」。

控制自然界水分循環的主要因子為氣象、地形土壤性質與植被狀況。植物與土壤在此循環中的主要任務，為以氣體與液體狀態通過蒸散、蒸發、地表流失與地下流失等過程，而參與此自然水分循環。水分的入滲、流經與流出土壤剖面的模式，對於生物圈中所發生的物理的、化學的與生物的程序有重要的影響，因此，對於此類水分循環模式應特別考慮。不論是臨時性的貯水體（如農塘、人工水庫等）或者是永久性的貯水體（如海洋），自由水面皆有蒸發作用發生。集合所有蒸發與蒸散來源之水蒸氣，就成為雲層形成與降水的基本原因。地球上的所有生物都依賴如此的水分循環而得以永續生存。

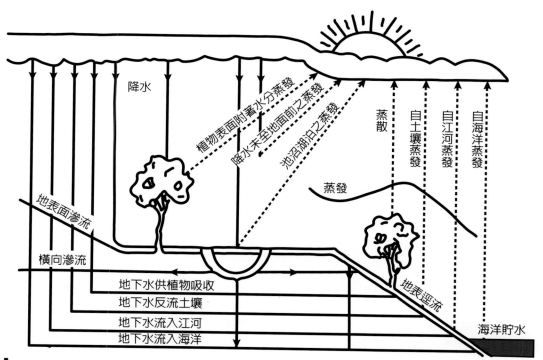

水分循環

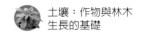
1. 土壤水分收支清單

最佳了解田間水分循環的方法，首先應將其劃分為幾種組合，每一種組合也可以分開考慮。在計算的形態上，此類術語又可用下式綜合描述土壤剖面之水分收支情形：

$$P - R = I = E + T + D + \Delta W$$

式中 P 為偶發的降水量（precipitation），包括灌溉；R 是逕流量（run-off）；兩者的差異 I 代表水分流經土表而向下滲浸或入滲（infiltration）者。E 代表經蒸發作用（evaporation）自土表損失量，T 代表經由葉部蒸散作用（transpiration）而損失之水分量，在實用上時常難於分開 E 與 T，因此 ET 常用以代表蒸發散（evapotranspiration）的總量。D 代表自土壤剖面中排出之水分量〔即深層滲漏作用（deep percolation）〕。毛細管上升作用（capillary rise）是水分自下層向上運動，可考慮為負排水；在任一土壤剖面中，D 皆可變異在負值與正值之間，依降雨分布與 ET 而決定。ΔW 代表土壤剖面中隨時在改變的水分貯藏量，越過一年的循環，ΔW 的值是傾向於零，亦即自整年的基礎而言，自剖面排水與蒸發散水分相等於入滲水。

在雨水降落至地表以前，特別在有植物濃密覆蓋的地方，有部分的雨或雪可被植物的葉與莖所截留而直接蒸發至大氣中，截留的量則隨植物的種類而異，以多年生常綠植物為最多，自然草原次之，一年生的作物因在田間生長繁茂的時間僅占全年時間的一部分，因此所截留的水分量自然較少。

2. 滲浸或入滲（infiltration）

逕流速率（run-off rate, R）是依照降水速率（precipitation rate, P）與滲浸速率（infiltration rate, I）間的差異而決定。如果水分匯聚在比較乾燥的土壤剖面之表面上，則剛開始的滲浸率可能極高，但之後隨時間增加而連續減低，直到最後達到一固定的速率。在排水良好的剖面中，當水分勢能以單位長度來表示，如果被計算

成為單位水重的勢能時，該土壤的最後穩定速率是相當於其平均滲透度或通透度（permeability）。以下為一便利的滲浸方程式（經驗式）：

$$I = S(t^{1/2}) + K_t$$

式中 S 代表某量，即所謂的吸收度（或吸收率）；t 代表時間；I 代表累積滲浸或入滲量，即 t = 0 自 t 時間的滲浸或入滲量；K 為該土壤剖面之飽和滲透度或通透性（saturated permeability）。

在田間，土壤剖面內的空氣閉塞或封禁（air entrapment）是常有的，因為空氣有起泡上浮通過及占據大孔隙的傾向。此一影響可能會減低大孔隙之下原來應有的滲浸（或入滲）速率；又表面結皮有減低滲浸速率的趨勢，且通常會導致發生當滲浸作用進行中，土壤剖面的水分狀態呈稍低於飽和的狀態。

雨水到達地面之後，土壤因係為多孔性物質，所以有空間來容納水分，但水分滲浸（infiltration）至土壤中的步驟，首先藉吸附或黏附的力量使水分緊密吸附在土壤固體表面而成薄膜，其次由水分子間的吸引力而加厚水膜，如此在沒有閉塞空氣（entrapped air）的阻礙情形之下，終於使得毛管孔隙充滿水分，此時藉由毛管張力作用才進行滲透作用（permeability）。此部分是屬於有效於植物的水分，於是經由吸收與蒸散作用可返回大氣中，同時此部分的水分亦可以在土壤中向各方向傳遞。如果自由水能繼續不斷供給，等到全部土壤水分含量超過田間容水量，此水分僅以極微弱的力量保持，在大孔隙中也充滿水分，因此水分能隨重力作用的方向而流動，此一作用稱為滲漏作用（percolation）。滲漏作用主要為引導水分流入地下水，並排出至自然排水線中。

3. 最大逕流量（run-off）預估

逕流係指降雨後沿地表流失的水量，最大逕流量一般計算法如下：

$$Q = CIA / 360$$

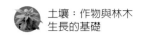
式中 Q 爲最大逕流量（每秒立方公尺）；C 爲逕流係數；I 爲降雨強度（每小時公釐），爲根據集流時間計算而得；A 爲集水面積（公頃）；360 爲自高處至排水出口處的距離（公尺）。

影響有效土壤水分的量與利用因子

1. 環境因子（土壤亦爲環境因子之一，單獨敘述）

(1) 輻射能（radiant energy）：不論水分自土表直接蒸發抑或自植物葉面蒸散，每一克水氣約需要 540 卡（calories）之能。而能之基本來源是太陽。在有大量土壤水分有效於植物時，蒸發與輻射能吸收間皆有極密切之關係。在乾燥地區僅有稀薄雲層覆蓋，故可允許有高比例之陽光輻射到達地表，使有最大機會供蒸散作用。相反的，在一區域呈多雲霧氣候特質，則只有較小比率量之太陽輻射到達土壤與植物表面，故蒸發散潛勢即不大。

(2) 大氣之蒸氣壓力（atmospheric vapor pressure）：在晴朗之日或乾燥季節或乾燥氣候區，大氣中之相對溼度低，蒸氣壓力低，可促進土表蒸發，葉面蒸散。相反的，在雨天或雨季之溼潤季節的空氣中，相對溼度高，不論土表或葉面蒸散皆緩慢，乃常見之事實。故大氣之蒸氣壓力可顯著影響蒸發散量。

(3) 氣溫（temperature）：氣溫並非如上述之直接影響於大氣之蒸氣壓力。因爲在溫暖或熱天，於一潮溼土壤中土表與葉面之蒸氣壓力皆相當高，但在炎熱季節葉面或土表與大氣間之蒸氣壓力有極顯著差別，因此有較高之蒸氣梯度，於是促進蒸發散作用迅速進行。在陽光普照、天氣晴朗之日，植物特別是土表溫度高於大氣時，更有助於蒸發散作用旺盛進行。

(4) 風（wind）：當乾燥風連續自潮溼表面吹走溼蒸氣，而補充或替換以溼度之空氣。於是可形成蒸氣壓力梯度，以促進蒸發散作用。

不過以上所討論氣象因子影響蒸發散作用，是假設土壤與植物表面在有多量水供給時。在此情況下，氣象因子的確能大量控制蒸氣損失。如在低水分含量下，土壤水分張力將會限制供給土壤與葉面水分之速率，即會降低蒸發散作用。

2. 植物特性

如果水分能被植物自土壤吸入，則土壤中水分勢能必較高於植根。同樣地，移向木質部，經木質部而移向葉細胞，皆與水分張力差異有關聯。據過去，在植物莖木質部中發現之負壓力可是此一關係。田間植物在凋萎點時，木質部水分勢能可達 –20 bar，與生長在有大量水分供給的土壤中之大樹，其上部大枝常可達 –20～–50 bar。沙漠植物雖然在張力強至 –20 bar 以下顯現生長停止，但在勢能達 –20～80 bar 下仍可生存。

水分自土壤移入植物體內，與自葉細胞表面蒸散至大氣中，根據田間觀察可知有兩項基本因子決定植物供水是否良好，即 (1) 由土壤供給水分至吸收根之速率，與 (2) 由植物葉面蒸散水分之速率。當植物細根或根毛在潮溼土壤中某局部特殊一點吸收水分時，則在孔隙中原為厚水膜會變薄與其保持水分之「能」會增加。沿水分吸出方向會增強流動並移向植物吸收之點，而移動之速度則有賴於吸壓力梯度之大小的差異與土壤孔隙之傳導度。

在若干土壤，毛管運動之調整可能比較快與可察覺量的流動。但在其他者，特別是細質地、團粒構造不良之黏土，移動將甚遲緩與遞送水分之量甚少。於是，根毛自其相接觸處吸收若干水分，自然地創造出吸壓力梯度並迫使水分開始向根活躍表面流動。

甚多早期研究者過於高估由毛管力可能有效滿足植物生長所需水分之輸送「距離」，而並未察覺水分供應「速率」是一項必需因子與由毛管遞送水分一小段距離是「很緩慢」的。植物必須要大量水分迅速且有規則遞送。毛管力影響僅能及於幾公分以內，距離植物時時刻刻所需要之水分甚遠。但此說並非是指粒團內毛管調整不重要，因在土壤中並非經常需要毛管水移動一長距離才被視為對植物具有重要性。例如植根吸收水分，經毛管移動長不超過幾公釐，如果能在土壤整個容積中皆發生，可能即具有實用上重要性。對植物水分供應方面，毛管調整伴隨蒸氣移動是一項主要因子，特別是生長在低水分含量場合。

至於植根伸展之速率，土壤中水分與養分若能移動 1～2 公釐，即可被土壤中密布的根充分吸收與利用。其他的根之習性、耐旱能力、生長階段與生長速率等亦

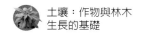
皆與有效土壤之利用有關聯。

3. 土壤性質

影響於植物吸收水分之重要土壤特性約如下：

(1)基質吸力（matric suction）：各種因子能影響土壤在田間容水量及凋萎點時之水分含量者，亦必能影響有效水分含量。質地、構造與有機物含量皆可影響某依土壤能供給植物生長之水分量。質地之一般性影響如下圖所示，雖然黏土通常較有良好團粒構造之坋質壤土具有較小容積，但一般隨質地之細度增加，有效水貯藏量會增加。

有機物之影響是值得特別注意。一排水良好之礦物質土壤含有 5% 有機物者，較土壤含有 3% 有機物者或可含有較高有效水分。常有之錯誤假設，為此有利影響係直接由於有機物提高水分保持能量使然。但實際上在此情況係由有機物對土壤構造及對土壤孔隙提供有利影響。因為雖然腐植質可以具有較高田間容水量，然其凋萎係數亦比例升高。因此，對有效水分含量之直接淨貢獻，必低於早期所假定者。

(2)滲透吸力（osmotic suction）：土壤中有鹽類存在，不論由施肥或由自然發生之化合物，皆可影響土壤水分吸收。滲透吸力在土壤溶液中之影響，為由於凋萎係數之增加而使有效水分之範圍呈減少之趨勢。土壤在此等狀況時其總水分應力（total moisture stress）是基質吸力加土壤溶液滲透吸力之和。雖然在多數溼潤區土壤中滲透吸力影響不顯著，但對乾燥及半乾燥地區，若干鹽土卻十分重要。

(3)土壤深度（soil depth）：設若其他因子相等，土層深厚者較淺層土會有較大有效水分保持容量。對於深根植物，此為具有實用上重要性，特別是在半溼潤與半乾燥區又不乏補充灌溉水之地點。例如在美國大平原區，土壤水分測量至 5 ～ 6 英尺之深度，有時被利用作為預估生產小麥之基礎。但是在該氣候情況下，淺層土壤顯然是不適於小麥生產。

(4)分層狀土壤（stratified soils）：土壤剖面呈現層疊狀可顯著影響有效水分在土壤中移動，例如硬磐及不透水層（impervious layers）可劇烈降低水分移動之速率

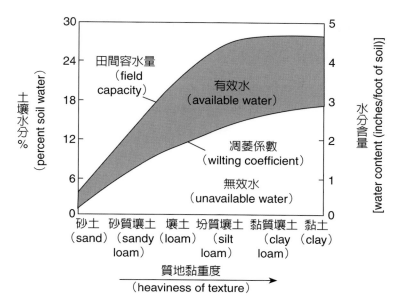

土壤水分特性與土壤質地間之一般關係

並對植根之穿透發生不利影響。其有時亦能限制根的生長與有效地減少水自該等層次向下流動之深度。砂層對自上覆較細質地層次之土壤水分向下移動作用恰如一障礙物，在中等或高等張力情況下，水分移經砂層皆甚緩慢，在水分移入砂層之前，上覆蓋層次中水分張力必須小於 0.5 bar。土壤之有效水分貯藏能力在實用農業中對決定土壤之可利用性達甚大程度，故此項能力時常可作為不利氣候情況與作物生產間之緩衝。

土壤水分的損失與管制

土壤水分保育方面所注意的重點在於水分自土壤中損失，無意義之水分損失之方法包括：(1) 地表流失，(2) 地下排出與 (3) 土面蒸發，此等損失皆對作物與林木生產有害無益，故需管制。土壤水分保育工作在溼潤地區的主要目的為盡可能促成水分進入土壤中並因此而減少逕流；在乾燥地帶栽培旱作處，目的亦同於溼潤地區；但在水分攔截貯存以供灌溉用水處，在可防止加速侵蝕（accelerated erosion）的情形下，應盡可能鼓勵有較多的逕流。

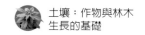
1. 地表流失

此在林地十分重要，此等流失除了有用的水分損失外，常招致土壤沖刷（soil erosion）之結果，又可由於沖刷而造成林地的破壞。近年來臺灣土地利用有急速變遷之趨勢，一般變遷情形包括：自灌木地變為旱作地；自草生地變為香蕉、茶、樹薯或蓖麻用地；自熱帶或亞熱帶林地變為竹林；自砂地或淺海灘變為魚塭、鹽田或少數水田；自水田變為都市或工業用地。綜合上述可知，保肥護土之植物生產面積日漸縮小，影響所及，高山地區因保留地之濫墾、森林作業之方式不合理、開墾及修路之位置未妥善安排，造成山崩、地塌。山腹及淺山地帶之濫墾更甚，森林破壞更大，所以淺山地區森林立木已少。海岸地帶因未積極造林，主要受到風蝕的影響。管制此類水分損失之方法，最主要為加緊造林及改進造林技術，一方面可增加地面覆蓋，減少與減慢地表逕流（surface run-off），另一方面為改直上直下之行栽為等高種植，如此可以變相削減坡度，增加水分向地下滲漏。

2. 地下排出

此在森林區內不甚重要，常具有利影響；而在苗圃及新造林地則較重要。因水分向地下排出之速率過大，常使土面乾燥而不利苗木生長。防止之道，最主要為改良土壤之質地與構造，以增加土壤之保水。

3. 土面蒸發

此在苗圃甚為重要。管制之法為：
(1)耕鬆表土，以切斷毛細管，而阻止水分上升。
(2)利用有機及無機覆蓋。
(3)除去雜草，並以雜草覆於地面。

在某特定的氣象因子下，要評估土壤能供應植物利用的水量，需要根據下列各種狀況來決定：
1. 土壤的質地與結構，兩者左右孔隙型，進而影響其土壤水特性曲線。
2. 要注意質地交界面有無質地差異性、界面的厚度及其在剖面的位置與關係，還有

根的分布狀況。當培育在土壤容器內的苗木或具有盤根系的植物，栽植到自然土壤時，則容器土壤與周圍土間會產生質地交界面。這種交界面不但對土壤水的移動造成顯著的影響，也會影響根群自容器土壤內向外延伸的能力。

3. 土壤水側向流動或自地下水位向上移動的程度在供應植物根群水分上亦非常重要。

4. 如果要考慮根的單位表面積吸水通量時，植群發育期尤其是根的發育，密度與分布狀況都是極重要的因素。在植物根系疏細的發育幼期，正是根系延伸發育期，故根系能向土壤水處不斷延伸，進入新土域。在這段期間，土壤中水的導水度下降對總通量變小的影響並不大。根密度的大小對延伸到新土域幅度很重要——根密度愈大，植物在某段時間內自單位土壤容積內吸收的能力也愈大。最後，根的分布狀況，尤其是向下延伸的範圍，可促使某種或植群利用更深層的土壤水。

第八章

植物必需營養元素

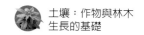
　　植物養分（plant nutrients）是指植物所需之化學物質，高等植物所需之營養元素〔必需元素（essential nutrients, essential elements）〕都是無機的。雖然植物體中的無機營養元素僅占植物體總重量之一小部分，卻非常重要。植物營養（plant nutrition）是指研究無機營養元素在植物、土壤和生態系統中之功能與動態；其目的爲藉由施肥，提高植物生長、產量與品質，使土壤有最適肥力，減少生產所需之額外能量投入及減少環境之限制。

植物營養元素（nutrient elements）的種類

植物的組成成分

　　植物體由水和乾物質兩部分組成；乾物質又可分爲有機質和礦物質兩部分。

1. 水

　　水作爲植物體的基本構成，具有下列優點：
(1)是地球上含量最豐富的液體，植物容易吸取。
(2)比熱大，有一定的緩衝作用，保護植物體不會受到外界環境溫度劇烈變化的危害。
(3)蒸發散熱大，陽光直射時，植物體水蒸發可以防止植物過熱。
(4)特別是溶解性好，黏度低，可以溶解養分物質，並能在植物的運輸系統中迅速流動，這點對於植物營養的吸收、運輸、轉化具有重要意義。

　　新鮮植物體一般含水量爲 70 ～ 95%，葉片含水量較高，又以幼葉爲最高；莖稈含水較少，種子含水更少，一般爲 5 ～ 15%。

2. 乾物質

　　新鮮植物體除去水分後的剩餘部分即爲乾物質，其中有機質占植物體乾重的 90 ～ 95%，礦物質爲 5 ～ 10%。植物體中主要的有機質爲蛋白質和其他氮化合物、脂肪、澱粉、蔗糖、纖維素和果膠，它們都是由碳、氫、氧和氮所組成的。這四種元素通常稱爲能量元素。由於燃燒時這些元素產生揮發，所以又稱之爲氣態元素。

植物體燃燒後的殘留部分稱爲灰分，含有磷、鉀、鈣、鎂、硫、鐵、錳、鋅、銅、鉬、硼、氯、矽、鈉、鈷、硒、鋁等元素。現代分析技術研究表明，在植物體內可檢出 70 餘種礦質元素，幾乎自然界裡存在的元素在植物體內部都能找到。

植物體的元素組成及其含量決定植物的種類和品種，也決定它們的生長環境。有些植物對某些無機營養物質有較多的種類，這是因爲它們具有獨特的生理過程，例如豆科植物含有較多的鉬和硫。栽培時應考慮這些特性，以滿足它們。

植物營養元素的分類

由於植物遺傳性狀的制約和環境因素的影響，上述化學元素在各種植物體內含量各不相同。即使是同一品種，只要生長環境不一樣，其組成元素的種類和含量也不一樣。植物體內所含的這些元素並不都是它生長發育所必需的，而有些元素，雖然他們在植物體內含量可能極微，但卻是植物生長不可或缺的。如果缺少這種元素，植物的新陳代謝活動就會受阻。因此植物體內的元素可分兩類，一類是必需元素，另一類是非必需元素。

1. 必需（營養）元素

對於植物營養元素的必需性，要滿足下列三個條件：

(1)這種元素對於植物的正常生長和生殖應該是必要的，當它完全缺乏時，植物的營養生長和生殖生長的全過程不能完成。

(2)需要是唯一的，其他元素不能代替它的作用，缺乏這一元素，植物產生一定的特殊症狀；滿足這一元素，這一症狀就會消除而恢復健康。

(3)這種元素必須在植物體內直接起作用，而不是間接使其他某些元素更容易有效，或者間接對其他元素發生拮抗的效應。

根據此定義，許多元素具有可抵銷其他元素之毒害效應或在某些反應可以取代其他必需元素。然而，此定義也難概括某一元素是植物之必需元素，尤其是高等與低等植物之間。必需元素在植物體內不論數量多少都是同等重要的，任何一種營養元素的特殊功能不能爲其他元素所代替，這就叫營養元素的同等重要律和不可替代

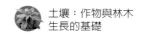
律。簡單來說，所謂的必需元素係指「在植物正常生長過程中所不可缺少的元素」。換句話說，如果缺乏任何一種必需營養元素，植物的生長即不能完滿。必需元素存在的狀況不能忽視，即：

(1)必需元素一定要以植物可以利用的形態存在。

(2)一定要以能供植物生長的適宜濃度存在。

(3)存在於土壤中各種可溶養分的濃度間必須保持適當的平衡。

　　由判斷必需性的三項標準可知這些元素對於植物的新陳代謝、生長發育和後代繁殖等有著重大的作用。它們的作用可歸納如下：

(1)是細胞結構組成成分及其代謝活性化合物的組成成分；

(2)為維護細胞的有序化（正常代謝活性）所需；

(3)作用於植物體內能量的轉移；

(4)為酶（酵素）活性所需。

　　根據元素在植物體內之生理生化行為，必需元素可以歸為四類：

(1)為植物有機物之組成分，氫、氧、氮、硫藉由氧化還原反應將其同化。其中氮與氧以二氧化碳或碳酸氫根離子（HCO_3^-）被吸收，氫以水被吸收，氮素以硝酸根離子（NO_3^-）、銨離子（NH_4^+）或氮氣被吸收，硫以硫酸根離子或二氧化硫被吸收。將氫、氧、氮、硫同化為有機物之反應是植物體內代謝作用之基本生理反應。碳、氫與氧由二氧化碳與水獲得，植物經由光合作用合成碳水化合物，最後再轉成氨基酸、蛋白質、核酸、細胞質。這三種要素一般不被認為是礦質元素（mineral elements），實際上也無法經由人為方式改變其供應。

(2)與植物體內之醇基形成酯，其中磷參與量與能量之轉移反應，磷以正磷酸（HPO_4^{2-} 或 $H_2PO_4^-$）、硼以硼酸的形態被吸收或硼酸鹽（borate）被吸收。矽雖非必需元素但也可歸因於此類，以矽酸（SiO_4^-）形態被吸收。

(3)為酵素反應之活性劑（activator）、形成滲透勢（osmotic potential）、平衡陰陽離子、鍵結反應物、控制膜的透性及電位，鉀、鎂、鈣、錳與氯，以離子形態被吸收（K^+、Mg^{2+}、Ca^{2+}、Mn^{2+} 與 Cl^-）。

(4)藉電價改變作電子傳遞，銅、鋅、鉬、鐵與鎳，主要以離子形態（Cu^{2+}、Zn^{2+}、MoO_4^{2-}、Fe^{2+} 與 Ni^{2+}）或鉗合態被吸收。

但是對鈣、鎂與錳而言，無法嚴格歸類為前述第 (3) 或 (4) 類。

碳、氫、氧這三種元素，為所有生命形式所必需，在植物體中，占乾重的 90% 以上。它們在植物體中的作用突出的有兩個方面：

(1) 構成植物體全部有機化合物的主要組成分（例如作為細胞壁成分的纖維素、半纖維素、幾丁質與木質素），並參與植物生長發育的各種代謝活動（參與代謝反應的蛋白質、核酸、醣類、脂肪和有機酸的成分中，極大部分也是由碳、氫、氧構成的）。

(2) 在提供植物生長發育和代謝活動所需的能量方面起著關鍵性作用。例如用於能量吸收的葉綠體、核酸、酶蛋白等，用於能量貯藏和轉化的澱粉、脂肪和蛋白質等化合物。

礦質元素的最主要作用是在酶促反應起催化作用，而且大多數礦質營養的這種作用是直接且專性的。它們以離子形式或有機形式與酶蛋白緊密地結合、起催化作用，或者作為酶的啟動劑。營養元素在酶活性中的作用機制是多樣性的。

有的元素催化效率雖然不高，但與專性蛋白結合後大大提高其催化效率。如離子態銅對抗壞血酸、兒茶酚和其他酚類的氧化作用的催化效率很低，但當銅與專性蛋白結合以後，成為相應的銅蛋白，如抗壞血酸氧化酶、兒茶酚氧化酶和其他酚銅氧化酶以後，它的催化效率大大提高。

金屬元素可改變酶蛋白的淨電荷，而影響到酶—基質複合體的形成。或在形成金屬—基質—酶複合體的中間產物時，金屬元素起連接酶與基質之間的橋梁作用，而有利於酶促進作用的進行。但有時候，這種橋梁作用反而降低酶的活性。有的金屬元素可作為酶的輔助因子或刺激活化劑而對酶促反應產生影響，如鉀、鈣、鎂、錳等。這些元素中，有的一種元素可以是幾種酶的活化劑，有的則專性很強，某種酶需要特定的金屬元素啟動，才能達到最大活性。

分析化學的進步則可能導致更多必需元素之發現，因為有些必需元素之濃度太低而以目前之分析無法證明其必需性，有些元素則因其無處不在而不易將其由植物之生長環境中除去。

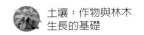
2. 非必需元素

非必需元素中我們主要討論有益元素。植物體中含有一些元素，限於目前的科學技術水準，雖然尚未證明對高等植物的普遍必需性，但它們對特定植物的生長發育有益，或爲某些種類所必需，或者對疾病之抗性增加，如鋁、矽、鈉等，稱爲有益元素（beneficial elements）。

植物營養元素的供給途徑

高等植物的碳與氧大多爲經由光合作用而直接自空氣中取得；氫爲直接或間接得自土壤水分。其他所有必需元素，除氮素部分係經由共生根瘤菌與非共生固氮菌而間接獲得自土壤空氣外，其他營養元素皆獲得自土壤固體組成分。

高等植物營養所需的元素已經確立的十七種中，按植物體內必需元素的量的多寡，可以歸爲巨量元素（macronutrients）與微量元素（micronutrients）。前者包括碳、氫、氧、氮、磷、鉀、硫、鎂與鈣（一般占乾物質重的 0.1% 以上），後者則爲銅、鋅、硼、錳、鉬、氯、鐵與鎳〔一般在 100 ppm 以下（ppm = parts per million，定義爲百萬分之一。固體 1 ppm = 1 mg/kg）〕。即使如此，植物體內的有些微量元素也是遠遠超過其生理反應所需之量，因此，在植物器官中的元素含量，無法正確反應其生理與生化作用所需之量。

在新鮮的植物組織中，通常約有 94 ～ 99.5% 是由碳、氫與氧三者所構成，僅有 0.5 ～ 5 或 6% 是得自土壤組成。所以碳、氫與氧無疑的爲巨量元素，且此三者在植物生長於田間狀況下，除非有乾旱、寒冷氣候、排水不良或病害發生的情形，皆不會嚴重限制植物的生長。相反的，自土壤中釋放出來的各種營養元素，雖然僅占有植物生質量的一小部分，但通常可以限制植物的發育。

植物自土壤中獲得的十四種必需元素，一般依攝取量的大小，氮、磷、鉀、鈣、鎂與硫等六種稱之爲巨量元素，植物生長可能因此類元素供應不足而受阻礙。造成缺乏的原因，可能由於：(1) 土壤中眞正缺乏此類元素；(2) 土壤中雖含有多量，但呈現有效性過緩；(3) 各元素間呈現不適當的平衡；(4) 有時上述三種情況同

時出現。爲補充土壤供應量的不足，氮、磷與鉀（肥料三要素）常以大量的農家自給肥料或化學肥料施入土壤中，因此被稱爲主要或肥料元素（primary or fertilizer elements）。同樣的，鈣、鎂與硫因植物需求量相對較少，則又被稱之爲次要元素（secondary elements）。另外對於酸性土壤，鈣與鎂常以石灰施入，故亦可稱爲石灰元素（lime elements）；硫除了存在於雨水中，可以農家自給肥料、過磷酸鹽與硫酸鹽等肥料的組成分或直接施用硫磺而添加於土壤中。

其餘八種以土壤爲來源的元素，需要量雖少，但亦屬必要，故常稱爲微量營養元素（micronutrients or trace elements）。除了鐵與若干情形下的錳以外，微量元素在甚多土壤中常相當貧乏，以及對植物的有效性都很低。因爲這個原因，雖然植物的攝取量小，歷經一段耕作時間之後，受到作物生產之累積影響，仍可能減低原來存在於土壤中此類元素之有限量。有三種一般性土壤情況使微量元素最易造成問題，即 (1) 砂質土壤，(2) 有機質土壤，(3) 強鹼性土壤。此主要由於在砂質土與有機質土中僅含有相當少量微量元素，以及在強鹼性土壤中多數此類元素的有效性都很低。

因植物與土壤種類的不同，其中各元素的存在量可有相當的差異。一般來說，植物體內各巨量必需元素，約分別占乾物質總量中之 45.4 ～ 0.23%，各微量必需元素約分別占乾物質總量中之 0.20 ～ 0.0002% 或以下。

植物體內各種必需營養元素的生理機能

1. 碳

係有機物的主要成分，均由二氧化碳與水作爲光合作用的材料，經多次的酵素反應而合成者。約占植物體乾重的 40 ～ 50%。若供應不足，即無法完成此一複雜反應，所幸自然界中供應充裕。

2. 氫

多以有機物與水的主要成分而存在於植物體內，約占植物體鮮重 70 ～ 90%。

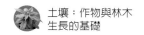
在細胞內所進行之各種物質代謝，與自土壤中吸收養分以及養分在體內移動等方面，水皆負有重要的任務。地球上降水的分布有其自然規律，人力難以控制；農業技術上之重要課題在於如何加強管理。

3. 氧

與氫相同，係以有機物及水的主要成分而存在於植物體內。地球上的氧到處皆有充分量的供應，換言之，只要其他植物生育條件適宜，氧氣供應來源不會成為限制因子。農業技術上對於土壤物理性質的改良、調節灌溉與排水的措施，係在改善對植物根部的氧氣的供應量，並不是在創造來源。

4. 氮

植物體中含氮 20 ～ 40 g/kg，為最重要之無機營養元素，亦為各種蛋白質的主要成分；葉綠素、各種酵素、核酸、植物荷爾蒙、尼古丁（nicotine）、咖啡因（caffeine）、植物鹼（alkaloid）等都含有氮素成分。土壤中的氮素常因含量少或轉變成為有效性的速率慢，而不能滿足植物生長的需要，有賴於肥料的補充。

5. 磷

植物體中含磷 0.5 ～ 5.0 g/kg，與能量代謝有關，是核酸、核苷酸之組成分。植物能吸收的磷酸形態，主要為正磷酸離子（$H_2PO_4^-$、HPO_4^{2-}），被吸收的磷酸在植物體內之行動與硝酸不同，即不被還原，係以磷酸之無機形態與有機形態而存在。

主要有機形態例如存在於核酸、核蛋白質與磷脂質中者。核酸與核蛋白質存在於細胞核中，與細胞分裂有關，故對於生長與形態的形成有極大的影響。磷脂質係原形質膜之構成成分，與物質的通透性有關。磷在植物體內常集中在根部先端及頂尖的葉部與幼嫩組織中，於成熟期，莖葉中之磷乃移向種子或果實中聚積。至於根所吸收的磷都是無機磷，但部分很快轉變為有機磷，部分仍以無機態存在，向地上部移動可以兩種形態進行。移動速度白天較速於夜晚，移動速率在各植物間有差異。

6. 鉀

植物體中含鉀 10 ～ 50 g/kg，係以鉀離子（K^+）狀態而被吸收，在植物體內大部分成為水溶性的無機鹽或有機鹽而存在，但有一部分因被蛋白質及核酸所強力吸著，而不能以水抽出。其主要功能為調整多種生理作用，例如維持原形質的構造以利在細胞內的物質代謝正常進行、維持細胞膨壓、促進酵素活化、促進光合產物之傳輸、促進蛋白質與脂肪之合成、調節 pH 與滲透壓等等。鉀能增強作物對某些疾病的抗性，促進作物根系發育強健與氮及磷具有平衡作用的影響。若缺乏鉀，則蛋白質會減少，氨基酸及醯胺（amide）等可溶性化合物會增加，澱粉及纖維素等多醣類會減少，而可溶性之單醣類會增加。因此鉀被認為對於碳水化合物及蛋白質之代謝有關，但並非為植物體的構成元素，其在作物體內極易移動而常聚積在生長點。

7. 鈣

植物體中含鈣 2 ～ 10 g/kg，鈣以鈣離子（Ca^{2+}）形態而被吸收，在植物體內則以果膠酸（pectic acid）與草酸等有機鹽及碳酸、磷酸與硫酸等無機鹽的形態存在。其生理作用被認為係細胞壁的組成分，對細胞膜及原形質之構造維持、滲透性的調節、過剩有機酸的中和等方面皆具有功能。在植物體中由於難以移動及再分布，故多集中在老葉中。

8. 鎂

植物體中含鎂 2 ～ 6 g/kg，在植物體內為葉綠素的構成元素，但以葉綠素形態而存在者只占百分之十幾，其他大部分則與原形質結合或作為水溶性的無機形態而存在。鎂除了在光合作用時與光能的傳遞有關係之外，尚可給予對磷酸代謝有極深關係的多數酵素的活性。此外，還發現鎂對油脂的生成極有關係，含油脂量高的種子中存在量也多；對磷的吸收與移動等亦有關係。鎂為易於移動的成分，幼嫩組織中含量多，但隨植物成熟而聚積於種子中。

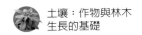

9. 硫

植物體中含硫 2 ～ 5 g/kg，係以硫酸根離子（SO_4^{2-}）形態被吸收，在植物體內被還原成爲硫（S^{2-}）而形成有機硫化合物，但亦有以無機態硫酸根離子的形態而存在。氨基酸中之胱氨酸（cystine）、半胱氨酸〔cysteine，$HSCH(NH_2)COOH$，經氧化後形成胱氨酸〕及蛋氨酸〔γ 或稱爲甲硫氨酸（methionine）〕等，皆含有硫，爲蛋白質的必需成分。含有硫醇基（Thiol-，$-SH$）的維他命 B_1（thiamine）、維他命 B_4 或 H（biotine）及硫麩素（glutathione）等，在作爲氧化還原反應之輔酵素（coenzyme）上極重要。

10. 鐵

植物體中含鐵 50 ～ 200 mg/kg，鐵係以二價鐵（Fe^{2+}）或三價鐵（Fe^{3+}）離子狀態被吸收，在植物體中有 80% 以上在葉綠體中與蛋白質結合而存在。鐵雖非葉綠素的組成分，但與前驅物質（porphyrin，紫質）的合成有關，若缺鐵時則全葉面呈黃白色，即所謂的缺鐵黃化症（失綠症）；又因鐵在植物體內屬難於移動的元素，因此黃化病多發生在上部葉片上。鐵也是電子傳遞酵素系統中所必需。鐵在植物體內係以 $Fe^{2+} \leftrightarrow Fe^{3+}$ 之形態而進行氧化還原反應。

11. 錳

植物體中含錳 20 ～ 300 mg/kg，錳以二價離子（Mn^{2+}）的形態而被吸收，錳離子在植物體內可活化多種酵素，所以對光合作用、呼吸作用與蛋白質的合成作用等，皆具有重要的功能，也可以控制某些氧化還原系統。錳在植物體內爲難於移動的元素，缺錳時普通在上部葉片發生黃化病，但亦隨植物種類而異，例如稻與麥常發生在下部葉片上。錳與相同具有氧化還原作用的鐵與銅有拮抗作用（antagonism）之關係，特別是鐵與錳的比率會影響各種生理作用。

12. 銅

植物體中含銅 2 ～ 20 mg/kg，銅係氧化還原酵素的組成分，依 $Cu^+ \leftrightarrow Cu^{2+}$ 之

反應而進行氧化還原作用。銅也是呼吸作用的觸媒；銅缺乏時氨基酸會聚積，故認為與蛋白質的代謝有關係；銅與鐵有拮抗的關係，銅與鐵的比率會影響植物養分的吸收；銅缺乏症多出現在新生部分。

13. 鋅

植物體中含鋅 2 ～ 100 mg/kg，鋅與生長荷爾蒙吲哚醋酸（indol acetic acid, IAA）之生成有關係；鋅又是構成碳酸脫氫酵素的成分，欠缺時則可因此而顯著減低光合作用的能力。

14. 硼

植物體中含硼 2 ～ 100 mg/kg，不同之植物對硼需求之差異甚大，禾本科植物缺乏之臨界濃度 5 ～ 10 mg/kg，一般植物為 80 ～ 100 mg/kg。係以硼酸離子（$H_2BO_3^-$、HBO_3^{2-}）而被植物吸收。硼與木質素（lignin）及果膠質（pectin）的細胞壁之形成有關係。目前僅知其為植物的必需元素，在植物體內的作用尚未完全確定，一般認為在糖的移動作用與碳水化合物的代謝上甚為重要。

15. 鉬

植物體中含鉬 2 ～ 10 mg/kg。到目前為止，一般認為鉬為微量元素中存在量最少的元素。鉬為硝酸還原酵素的金屬成分，若缺乏鉬，硝酸即不能還原而在體內聚積。鉬在固氮酵素形成上是屬於必需的，所以對豆科植物以及以硝酸為氮源的十字花科植物及番茄等蔬菜之鉬的需要量較高。

16. 鈷

目前尚未完全清楚，已知其為共生固氮作用所必需，對於家畜亦屬必需。

17. 氯

植物體中含氯 2 ～ 20 g/kg，參與光合作用、維持電荷平衡與膨壓。氯在光合

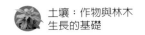
作用時，發生氧氣的光化學反應中有觸媒作用，且可使澱粉酵素（amylase）發生活化作用等。氯系肥料對纖維作物具有良好效果，但對馬鈴薯等澱粉作物、甜菜等醣類作物及菸草則有不利影響。

植物必需營養元素的吸收

　　植物在生長發育的過程中需要由外界環境吸收各種營養物質以滿足生命活動的需要，所謂吸收是指營養物質由外部介質進入植物體，但吸收的真正含義是外部營養物質通過細胞原生質膜進入細胞內部。研究認為離子必須先解離自土壤溶液中，然後方可為植物吸收，但也有研究指出，當植物根與膠體粒子密切接觸時，植根可直接吸收膠體粒子上吸附的粒子。也就是說，土壤膠體表面上保持之陽離子可與根表之陽離子發生直接交換作用。總之，不論理論上如何，植物獲得其養分，顯然大部分係吸取自土壤溶液與其他部分獲得自接觸吸收作用。對於植物之正常發育，土壤不僅需含有所有之植物必需元素，且所有元素需為有效性並呈平衡之狀態存在，因倘某元素存量雖豐，但其為不溶性，植物無法吸收，若其中某元素缺乏，可能影響及其他元素之吸收，某元素之過量存在，亦能引起毒害現象，皆不適合於植物之正常發育。

　　植物可經由葉或根吸收以獲取養分；碳進入植物體內，幾乎全部以二氧化碳經葉部氣孔而進入，水亦可自氣孔進入，但以之與由根部而進入體內相比較，其量較少。根據放射性元素研究，自水來源者僅 H^+ 被植物利用，水中之氧被釋放成為氣體。甚多種養分當以營養液（nutrient solution）噴灑時，植物亦可自葉面吸收之。至於由根吸收營養料，可能由下列幾種機制作用而達成。

植物吸收養分的器官與途徑

　　陸域植物一年的生物量，乾物質約有 100 公噸，若按含 5% 的礦物質計算，則每年植物由土壤吸收的礦物質約為 5 公噸。這些礦物質，都是由外部介質（主要是土壤）透過根系吸收進入植物體內的。

　　植物吸收介質中的養分主要靠根系和葉面（包括部分莖表面），以根吸收爲主，特別是礦質元素，基本上是由根吸取的。但葉面透過滲透擴散方式，也可以吸收礦質元素。所以，葉面噴施尿素等溶液，也就是根外施用這些肥料，作物也能吸收到氮、磷、鉀等養分。水下植物則以整個軀體吸收水中的營養物質。在這種情況下，根對於吸收養分的作用就不那麼重要了。樹枝和樹幹上附生植物和苔蘚植物也主要依靠葉子吸收由雨水落在其上的無機養分。寄生植物和半寄生植物有特殊的吸收器官──吸器細胞，依靠它們來吸取寄主植物維管素中的礦質養分。

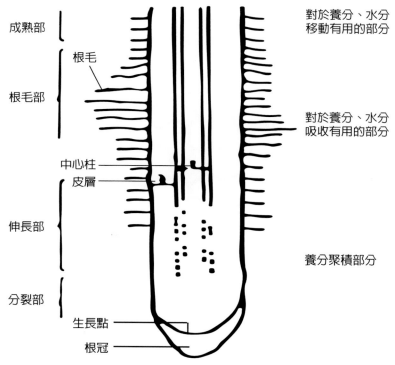

成熟部

根毛

根毛部

中心柱

皮層

伸長部

分裂部

生長點

根冠

對於養分、水分
移動有用的部分

對於養分、水分
吸收有用的部分

養分聚積部分

根的先端構造與養分及水分吸收

　　氣態養分如 CO_2、O_2、H_2O（水蒸氣）、SO_2 等，是透過植物葉面上的氣孔吸收的。但植物根系也可以吸收 CO_2，具有同化 CO_2 的酶系統，利用 [14]C 研究表明，水稻根系可以吸收溶於土壤溶液中的 CO_2，吸收速率隨著水稻生育期的推進逐漸增加，開花期達到高峰，以後又急遽減少。研究也表明 CO_2 在水稻體內以無機形

態（H_2CO_3）輸送，到地上部後 70% 被固定。但在黑暗條件下，這些由根系吸收的 CO_2，大部分由地上部排放到空氣中去。吸收進來的 CO_2，溶解以後，再氣化，以氣態形式通過輸導組織輸送到地上部。植物無論是透過地下部的根系吸收，還是透過地上部的葉片吸收，其吸收途徑是一樣的，營養物質都是由介質溶液→細胞壁水膜→原生質膜→細胞內部參與代謝活動。離子吸收進入植物根是經由交換、擴散、載體（carrier）的作用（或 metabolic binding compounds）及離子孔道（ion channels），這些機制與根之兩種組成分有關，其一稱為外部空間（outer space）或表觀自由空間（apparent free space）及內部空間（inner space）。進入外部空間被認為是受單純之擴散作用及交換吸附，進入內部空間則是耗能的代謝作用。

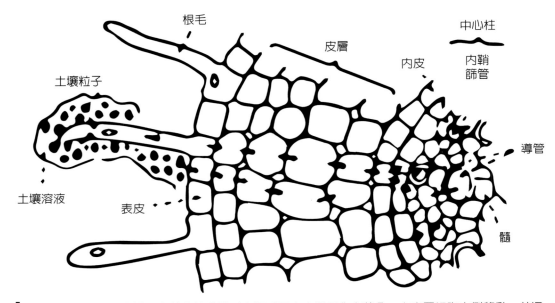

小麥根的橫斷面與被吸收養分的動態（由根毛及表皮所吸收之養分，向皮層細胞內側移動，並通過內皮而進入中心柱，到達導管再運送往地上部）

根系吸收無機養分的機制

植物對養分的吸收看起來平常，實際上卻是一個極為複雜的過程。土壤中無機態養分透過截獲（interception）、質流（mass flow）和擴散作用（diffusion）到達

根表面，然後以質流或擴散等被動方式和主動傳轉過程，通過原生質膜吸收進入根表皮細胞內。被動過程和主動過程是植物吸收養分的統一過程。

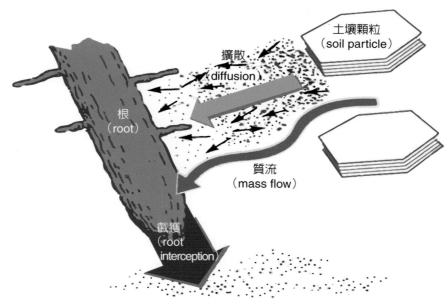

植物根部吸收土壤中養分的三種方式

1. 被動吸收

所謂被動吸收是指養分離子順著電化勢由介質溶液進入細胞內的傳動過程。植物吸收養分離子的被動方式有截獲、質流和擴散三種。

(1)截獲：指根系在土壤裡伸展過程中吸取直接接觸的養分。根之截留與接觸交換為其吸收機制，是藉新根在土壤中的生長而提高，甚至可能因菌根真菌之感染而增加其吸收量。這種吸收方式，土壤養分不可經過輸送而直接被根吸收，所以吸收的多寡決定於根系接觸的土壤體積。截獲吸收陽離子實際上是一種離子的接觸交換。當黏粒表面所吸附的 H^+ 離子由於震盪而使兩者水膜相互重疊時，由於自由能產生微小變化而使兩者之間產生離子移動和交換。但接觸交換只有當根與黏粒表面相距小於 5 nm（nanometer）時才能發生。被接觸交換的離子停留在細胞壁外面，距離質膜還有 1,000 nm 左右，所以實際上並沒有真正到達吸收位置上，是否可以產生進一步交換，通過細胞壁而到達質膜上還未證明。

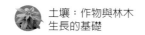
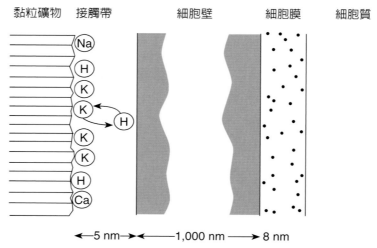

離子的接觸交換

　　在土壤中植物根系所占的體積與土壤體積相比變得很小。即使在根系密集層，根系所占的體積與該層土壤體積相比，也不會超過 10%，一般只有 1% 左右，所以植物以截獲方式所吸收的養分是比較少的。由於根的生長通過土壤孔隙，通常可能有較高的養分含量，因此，根接觸之土壤有效養分最大可達 3%。根系截獲養分的多寡決定於陽離子的交換量。凡是根系陽離子交換量大的，截獲的養分也多。有相當量之鈣、鎂、鋅與錳可能經由此方式到達根附近。由於根表面並非全部都是 H^+ 離子，而土壤膠體外陽離子種類也比較複雜，所以計算根系截獲的養分數量是一個比較複雜的問題。

　　由於根系所截獲的養分不能滿足植物生長發育的需要，根系還必須吸收除了它本身所占土壤體積以外的養分。這樣必然要發生養分離子由遠距離向根系移動。經研究表明，這種移動有兩種方式，即質流和擴散；植物根系也透過此兩種方式吸收土壤中的養分。

(2) 質流：土壤溶液中的離子隨溶液移向根表面是滿足植物養分需求的重要因子之一。藉質流到達根表面的養分量，可以由水流速率或植物消耗的水與土壤水中的平均養分濃度計算而得。氮、硫、鈣、鎂、銅、鐵、鉬與錳可能經由此方式到達根附近。在許多土壤，質流帶入過多之鈣與鎂及大部分的移動性元素，如

氮和硫（如土壤中的濃度過高）；磷、鉀、鋅與鐵可能經由此方式到達根附近。由於植物的吸水作用，養分離子隨水移動到根表面，進入根的自由空間，然後再進入原生質膜內，這就是植物養分的質流吸收。有時由於水分蒸發和滲漏（或淋洗），也可以發生質流而輸送養分離子。淋洗則是一種特殊形式的質流，由於重力作用而使養分向土壤剖面下部移動。質流與擴散相比，離子傳動速度較快。當一條根伸進單位體積的土壤中後，由理論上來說，整個土體可以質流方式為植物供應離子，但供應的充分程度決定於水分通量和整個土體中的離子濃度是否滿足植物的需要。

還有的認為質流的重要性與植物的生育期有關。一般幼苗期植株較小，蒸散作用弱，質流的作用也小；而當植物長大後，蒸散速率提高，質流所引起的作用也變得重要。

(3) 擴散：擴散為由高濃度向低濃度靠熱運動而移動的現象。當植物根由其周圍之土壤溶液吸收養分時，會造成擴散的濃度梯度，即植物的吸收養分擴散的貯池（sink），吸收愈強，則造成高的濃度梯度而利於傳輸。

植物營養元素以分子或離子形態，憑藉擴散方式，可由外部溶液通過細胞壁甚至原生質膜而進入細胞內部。研究指出：養分到達根系一開始是截獲，緊接著是質流，當質流供應不能滿足植物吸收需要時，就由擴散方式來輸送養分。這是因為根對溶質的吸收速率往往大於離子透過水流遷移到根表面的速率，此時根表面的離子濃度下降，相應的周圍土壤中離子濃度也不同程度地減少，出現根際附近某些離子的虧缺現象，並在根表面與附近的土體間形成濃度梯度，於是離子由高濃度向低濃度擴散。

各種離子在土壤中的擴散速率不同，陰離子 NO_3^- 和 Cl^- 不易被土壤膠體所吸附，在土壤中擴散較快，陽離子可為土壤膠體吸附，所以它們在土壤中的擴散係數比較小；磷由於在土壤中易固定，擴散係數更小。

土壤中，離子擴散速度受擴散係數、土壤溶液中離子的濃度和土壤固相對土壤溶液中養分的緩衝容量的影響。這三個因數中，擴散係數是最重要的，因為它決定了多少距離內的離子由擴散而到達根表面。土壤溶液中離子濃度愈高，則根系細胞內外離子濃度梯度也愈大，擴散速度也就愈快。土壤溶液中的離子濃度則又與土壤

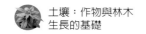

中養分緩衝性有關。養分緩衝性高的土壤，維持根表較高養分濃度的能力大，養分緩衝性小的土壤，這種能力也小。

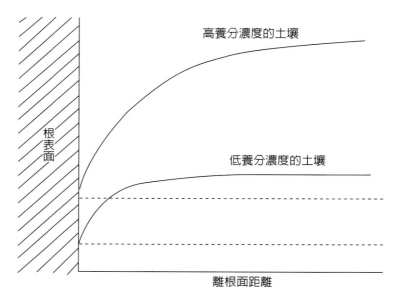

養分濃度與擴散的關係

　　土壤含水量增加，擴散係數增加。同時也由於水分增加，曲折率減少，也會提高有效擴散係數。含水量高的土壤，土壤和根系的接觸面積大，離子擴散進入根部的數量也多，在蒸散率高的情況下，尤其是這樣。如土壤含水量增加，K^+的擴散率增加；乾旱年分，土壤含水量低，則K^+擴散到根表的數量少，即使土壤含鉀量與溼潤年分相同，但此時鉀的有效性低，因而被植物吸收的數量也比溼潤年分少。所以在不同持水量下，雖然乾物質的重量相似，而鉀的含量可相差很大。水分減少，根系和土壤介面水膜變薄，離子移動的途徑變長，擴散係數變小，擴散速率也小。這對磷鉀養分的吸收影響大，所以減少較多。

　　如果土壤中養分濃度提高，緩衝容量通常下降，則擴散速率提高。所以施肥可以提高有效擴散係數。溫度提高，擴散係數增大。有效擴散係數與溫度（絕對溫度）的平方成正比。土壤黏粒含量高，比表面大，吸附作用增強，水的傳動減慢，離子透過水的擴散作用也減慢。同時由於黏粒細小，曲折率增加，因而也影響擴散。離子擴散速率還受陪襯離子的影響。如土壤溶液中SO_4^{2-}的存在，可以減少PO_4^{3-}的

吸附，而增加 PO_4^{3-} 的擴散係數。根系活力也影響養分的擴散。根的活性大，需要養分多，在根表的養分濃度也高。根的活性又與光照有關，光和作用強度大，則形成的糖多，傳到植物根部的糖數量多，根的活力提高，吸收養分也多。

在大多數土壤中，離子的擴散速率是十分緩慢的，擴散距離也相當短。向根系表面擴散的平均距離，氮為 1 公分、磷 0.02 公分、鉀 0.2 公分。研究表明，表層 15 公分土層中，玉米根的平均距離為 0.7 公分。由此可知，土壤中有很大一部分的養分，玉米根系不能用擴散方式吸收。

質流吸收受到蒸散作用的影響，擴散吸收也受蒸散作用的影響。當夜間或白天水分不足時，植物的蒸散作用減弱或停止，植物對養分的吸收大於質流對養分的輸送，根表附近出現離子空缺帶，土體與根系之間建立濃度梯度而產生擴散作用。相反，當蒸散作用旺盛時，流到根系表面的離子多於根系對它們的吸收，因而在根表累積起來，與土體間產生濃度梯度，這樣就產生反擴散，Ca^{2+} 常有這種情形。

在土壤中吸附性較強而移動性較差的離子（如磷、鉀、鋅、鐵等），植物對於它們的吸收是以擴散方式為主的。生育期不同，這三種吸收方式對植物養分的貢獻也不同，例如在幼苗期，質流吸收的作用較小。元素種類不同，吸收方式也不同，例如小麥吸收鉀主要靠擴散和質流，氮（NO_3^-）主要靠質流，鎂和鈣也靠質流吸收。吸收量與蒸散作用相關性大的元素有矽、硼、氮（NO_3^-）；相關性小的有 K^+ 和 NH_4^+ 等。

2. 主動吸收

截獲、質流和擴散三種吸收方式都是順著電化學勢進行的，但植物細胞內的離子濃度比介質中的濃度一般高幾倍甚至幾十倍。植物對養分的吸收具有選擇性，土壤溶液中濃度高的元素，植物吸收不一定多。所以單由被動吸收無法解釋。事實上，植物吸收養分是一個主動傳遞過程，與代謝活動有密切關聯，所以代謝性抑制劑可抑制植物對養分的吸收。溫度對吸收的影響也比純粹的物理化學過程明顯。對於養分吸收的傳遞過程，包括離子泵（ion pump）和載體（carrier）。

(1)離子泵：泵是細胞膜上存在的一種主動傳遞養分的特殊複合體，一般認為是位於細胞膜上的蛋白質複合體，它們能夠逆著電化勢梯度傳送離子。這個蛋白質

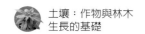

複合體就是三磷酸腺苷酶（adenosine triphosphate, ATP）。研究表明：細胞膜上一般帶負電荷，少量的 K^+、Na^+ 等離子可以直接進入根細胞內，活化 ATP 酶，促使 ATP 分解，放出能量，驅使 H^+ 泵出膜外，這樣橫跨質膜產生一個 pH 梯度。由於這個過程使細胞與外部介質間產生了一個潛勢，這種潛勢是由化學和電的兩種潛勢組成，因而促使膜外側的陽離子吸收到細胞中去。由於陽離子進入細胞質而抵消了膜的電化勢，需要 ATP 的再次分解，泵出 H^+，形成新的電化勢梯度。

(2) 載體：生物膜上的某些分子，它們有載遞離子通過生物膜的能力，這些分子就叫載體，它們對於某種離子具有專性結合點，因而可以選擇性地通過生物膜。活性載體是磷酸化合物，這種載體能夠在膜中擴散，在膜的外側載體遇到了某

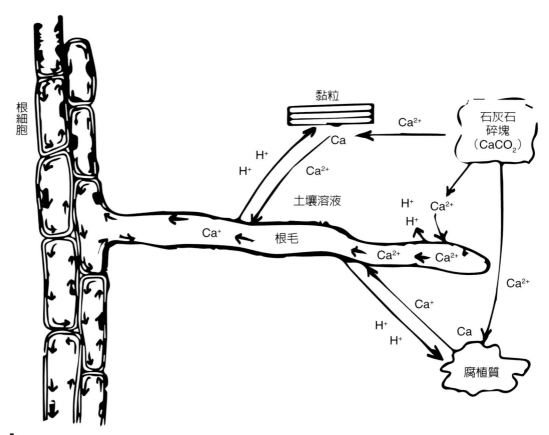

根毛自土壤溶液中與自腐植質和黏粒晶體上吸附之可交換態離子獲得養分方式（張仲民，1989）

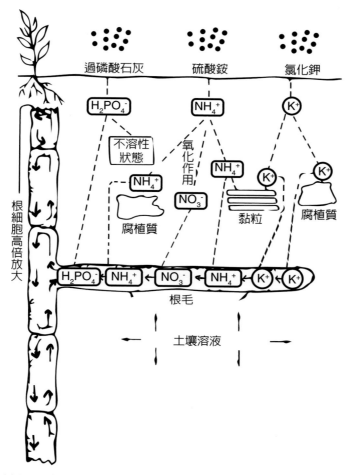

過磷酸石灰　硫酸銨　氯化鉀

$H_2PO_4^-$　NH_4^+　K^+

不溶性
狀態

氧
化
作
用

NH_4^+

K^+　K^+

NH_4^+

NO_3^-

腐植質　黏粒　腐植質

根
細
胞
高
倍
放
大

$H_2PO_4^-$ ← NH_4^+ ← NO_3^- ← NH_4^+ ← K^+ ← K^+

根毛

土壤溶液

植根自普通肥料中吸收氮、磷與鉀等營養元素之機制作用（張仲民，1989）

　　種對它有親和性的離子，這個離子就與載體結合，形成載體離子複合體。這種可擴散性的複合體橫移到具有磷酸酯酶的膜內側，磷酸酯酶把載體複合物中的磷酸基解脫下來，由於這個過程使載體失去對這一離子的親和性，而使離子釋放至鄰近的介質如細胞質中。

　　載體選擇性的再生需要 ATP，這個過程是由載體 ATP 酶進行的，這個酶也位於膜的內側。磷酸化載體再度擴散到膜的外側，又帶進一個離子，如此循環往復，而需要的 ATP 來自呼吸作用、磷酸化作用與糖酵解。

第九章

土壤的肥力與管理

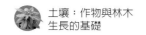
　　土壤肥力（soil fertility）的定義，經常被描述為「土壤含植物生長所需元素的量與有效性的狀況」。根據此定義，植物的生長與產量被視為變數，受到土壤肥力度的影響，同時也受土壤本身以外的因素所控制，例如植物種類及生育環境。某一土壤可能供應適量的養分給甲植物，但是不代表適用於乙植物。必需營養元素若有任一種不存在或存在量之比率不正常，植物便無法順利生長並完成生命史。

　　養分元素的供應量及有效性（availability），在作物（林木）種植密度不同時會有所差別。另外，各種土壤性質，會改變養分元素對植物的有效性，例如養分元素的化學形態（chemical form）及溶解度會隨 pH 值而改變。水分含量與通氣性即使不會影響養分的有效性，但仍會間接影響植物的吸收。因此，土壤肥力的研究常以植物或作物生長反應作為度量。肥力是所有土壤性質中最為人類關注的性質，但此性質又非常容易因為人類開發或長期使用土壤而改變，也就是說土壤肥力並非是完全穩定不變的，有一定的空間與時間的變異性。

土壤氮素（soil nitrogen）

1. 來源

　　土壤氮之基本來源為大氣，大氣中以游離狀態存在之氮氣，依容量計約占80%。大氣中的氮活性低，不能為植物直接利用，必須先經過固定作用（fixation）或與其他元素組成化合物後才可被利用。在自然界中，此作用主要由與高等植物共生或游離生存的固氮菌所進行，其次是極微量由閃電作用所完成。在溫帶地區每年由降雨而攜入土中者約在 5 ～ 8 公斤／公頃，但與豆科植物共生的固氮菌，其氮固定量卻可達到 25 公斤／公頃或更多。土壤氮素的來源可分下列數種：

(1)大氣中氨的直接吸收：土壤成分能吸收存在空氣中的氨，尤以腐植質的吸收能力最強。

(2)大氣沉降溶有可供植物營養之氮素：空氣中之氨、硝酸及亞硝酸態氮可因雨水或雪水而帶入土壤中，但會依季節、雨量而異。估計全球每年每公頃約可增加0.76 ～ 30 公斤氮，平均則約為 5 公斤。

(3) 由具有固氮能力之微生物固定游離氮素：土壤中有非共生好氣性固氮菌，以及與豆科植物共生之根瘤菌等，均能固定大氣的氮素。近年來非共生好氣性固氮菌頗受重視，因為這對田間固氮作用很重要，然而至今尚無法直接證明，不過現今多認為非共生好氣性固氮菌的固氮量之主要限制因子是碳源的提供（碳水化合物）。

因種植豆科植物所增加的土壤固氮量很難被精確定量，加上土壤全氮測定的田間合理誤差約為每公頃 55 公斤，因此一般紀錄多以溫室試驗為根據，但是植物在溫室的生長情形畢竟與在田間不同。共生細菌之固氮量視植物體內碳水化合物及土壤中有效氮供給而有所不同，當植物體內碳水化合物量多、土壤中有效氮少時，共生細菌固氮量較大。植物所需全氮的 1/3 是從土壤所吸收，而其他 2/3 則來自空氣；換言之，根部的氮是由土壤所獲得的。作物收穫時並非將全部的地上部取走，殘株多少會遺留在田間，如果氮仍不足，可透過豆科輪作方式來增加土壤氮素。另外，豆科與禾本科作物混播時，從空氣中固定的氮可能會超過全氮的 2/3。

(4) 除了上述來源之外，施用含氮肥料也會增加土壤中的氮素。

2. 土壤中氮素的含量與化學形態

(1) 含量：一般農田土壤中，氮素的含量約為 0.1 ～ 0.2%（每公頃表土中約含氮 2 ～ 4 公噸）。通常土壤中氮量約為有機質含量的 1/20，熱帶土壤中有機質含量較低，所以氮的含量也偏低。臺灣地區一如其他熱帶與亞熱帶土壤，有機質含量不高，土壤有機質含量主要受到從南到北的氣溫與由平原至山地的海拔高度不同而不同。北部地區有機質含量常在 3.5% 以上，愈向南部有機質漸減，至臺南沿海平原低於 1.5%。自平原往山區，溫度漸低雨量漸增，土壤有機質就會較高。

質地也是影響臺灣地區土壤有機質因子之一。黏重土壤使有機質分解緩慢，鬆軟土壤則會促進分解。前者土壤有機質含量常在 2.5% 以上，最高如宜蘭三角洲沖積平原及臺北盆地，雨量高、溫度低、質地黏重，有機質含量為 4 ～ 5%。反之，臺南沿海平原雨量少、溫度高、質地鬆軟，因此有機質含量常低於 2%。

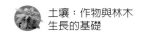
(2) 化學形態：

① 有機態氮（organic nitrogen）：存在於動植物體之遺體或殘體中，例如胺基（–NH₂）或氨基酸（amino acid）。

② 銨態氮（ammonia-N）：主要是微生物利用有機質碳源後所分解產生的，小部分來自施肥，常吸附於土壤膠體表面。

③ 硝酸態氮（nitrate-N）：主要也是產生自微生物分解作用，小部分來自施肥，容易隨水流失，因為硝酸根不會被常帶負電荷的土壤膠體所吸附，特別是層狀矽酸鹽黏土礦物。

④ 亞硝酸態氮（nitrite-N）：在中度排水不良通氣較差的土壤，由微生物將硝酸還原而生成，不利於作物生長，但土壤中存在量不多。

土壤中氮素主要為有機態，占土壤全氮約 95% 以上。有機態氮的有效性視分解難易程度不同，新鮮有機物中的蛋白質較容易分解，其中氮素的有效性較高，木質素屬於分解殘餘產物，不易再分解，故所含氮素有效性較低。植物殘體分解的物理化學變化極複雜，以下圖有機質的分解簡單說明。

銨態氮來源為有機物的分解以及施用銨態氮肥，但銨態氮常吸附在土壤膠體表面，成為交換性銨離子（NH₄⁺）。農田土壤銨態氮的含量很低，每公頃不過 50～100 公斤。植物可以直接吸收銨態氮，對水稻田作物來說，銨態氮的有效性很高。大部分作物在幼苗期以及在 pH 較高的土壤中，吸收的氮素以銨態氮較多，但某些作物仍可直接吸收硝酸態氮。

土壤中有機態氮先經微生物分解成無機態的銨（礦化作用），再經微生物硝化作用將銨轉變成硝酸態氮。硝酸態氮是微生物活動所產生的，易自土壤脫附並溶於水，所以會快速被淋洗而流失。就四季變化而言，冬天土壤中硝酸態氮含量較低，入春以後逐漸增高。降雨前後，含量大不相同，因為在土壤乾燥下，微生物活動停滯，土壤中硝酸態氮減低；降雨之後，表土中的硝酸態氮雖暫時流失，但一段時間之後便因微生物活動增加而增加，一般農田土壤中硝酸態氮的含量約為 50～200 公斤／公頃。

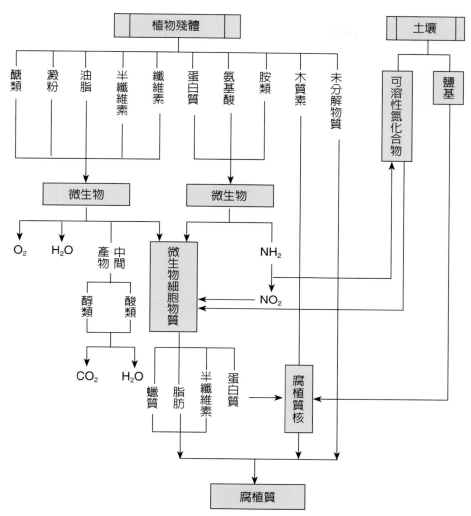

有機質的分解

　　在排水不良的土壤中,常生成對作物有害的亞硝酸根(NO_2^-),但含量極微,約為 5 ~ 10 公斤 / 公頃。臺灣耕地中,多數表土全氮量在 0.1 ~ 0.2% 之間,北部稍高於南部,主要受到溫度的影響。一般土壤中氮含量,皆隨深度增加而降低。各種形態氮素之轉變示於下圖。

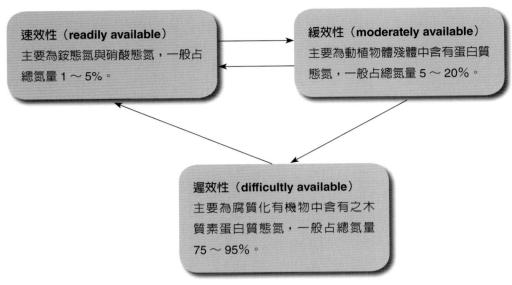

速效性（readily available）
主要為銨態氮與硝酸態氮，一般占總氮量 1～5%。

緩效性（moderately available）
主要為動植物體殘體中含有蛋白質態氮，一般占總氮量 5～20%。

遲效性（difficultly available）
主要為腐質化有機物中含有之木質素蛋白質態氮，一般占總氮量 75～95%。

▌ 各形態氮素之轉變

3. 土壤中氮素的管理

(1) 土壤氮素的損失包括以下幾種原因：

① 農產品（林木）之收穫：因收穫而減少的土壤氮素量，依作物（林木）種類及收穫量而異。

② 土壤沖蝕與地表逕流：土壤氮素 95% 以上存於有機質中，而有機質又集中於表土，如表土受沖蝕或逕流，土壤氮素亦隨之損失。

③ 滲漏作用（percoloation）：土壤水分向下層移動時，氮化合物亦同時與地下水流失至植物根部不能利用之處，尤其是硝酸態氮。因滲漏作用而流失的氮量，因為土壤管理方式不同而有很大差異。

④ 氣體逸散：施用銨態氮及無水氨，氨容易揮發逸散。一般來說在 pH 6.3 以下不會有氨揮發，但在 pH 7 以上的氨揮發量就非常明顯。硝酸態氮在通氣差的土壤中易被細菌還原成氮氣而損失，此現象稱為硝酸還原作用或脫氮作用。在水田中硝酸態氮因脫氮作用而損失之量極大，因此水田的氮肥以銨態氮為宜。但如果將銨態氮施於表層，終將因氧化作用而轉變為硝酸態氮，最後還是因脫氮作用而損失，故施銨態氮應全層施肥。發生脫氮作用的條件，包括

水分飽和（使土壤處於還原狀態下）、土壤 pH 為中性（適合硝酸態氮之形成）、施肥深度（硝酸態氮施在還原層），及氮肥種類（施用硝酸態氮）。

(2) 增加土壤中氮素含量的方法：管理土壤中的氮素不外減少土壤氮素之損失、增加土壤全氮及有效氮含量。土壤氮素大多貯存在有機質中，想要增加土壤全氮含量必須增加有機質。土壤中有機質含量受氣候、土壤及耕作方式影響最大，以耕作制度調控土壤中有機質及氮的含量是最實際的方法，其要點為施用化學與有機肥料並防止沖蝕。在一般農地與苗圃中可行者如下：

① 施用有機肥料與化學肥料及栽培綠肥。

② 實行輪栽、綠肥作物與苗木林栽。

③ 控制土壤沖蝕與地表逕流。

④ 控制土壤滲漏作用。

⑤ 控制土壤氮的逸散。

(3) 增加土壤中氮素有效性的方法：增加土壤中有效性氮的方法為施用有效性氮肥、保持土壤有機質的 C/N 比在 17 以下、保持土壤的良好理化特性（如水分、pH 等）使微生物（如硝化菌）的作用旺盛，以及適當休耕可使土壤中有效氮的積聚量增加，但須注意無雜草生長及過多雨量。在苗圃中可行者如下：

① 施用有機氮肥。

② 促進微生物分解作用，降低 C/N 比以提高各種有效性態氮之形成。

③ 土壤 pH 值過低會降低有效性氮，因此應提高酸性土壤的 pH 值。

④ 通氣、排水不良、極端溫度及土壤中其他礦物質養分含量不足，都是阻礙氮的轉變，應設法改善，便可增加氮素有效性。

⑤ 森林進行疏伐、混合腐植質層及礦質土等處理皆可促進硝化作用。

⑥ 在苗圃實行適當一段時間停種，亦可增加有效態氮素含量。

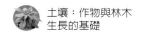
土壤磷素（soil phosphorus）

1. 來源

岩石與礦物的主要基本來源為磷灰石（apatite）。此係磷酸鈣鹽含有少量氟或氯，而土壤中的磷亦可存在於次生型的鈣、鎂、鐵與鋁化合物中，或存在生物體中的核酸苷、磷脂質等。

2. 土壤中磷素的含量與化學形態

(1) 含量：不同種土壤間全磷含量差異頗大，新墾植的表土層含磷量常高於 C 層，更高於 B 層，在自然條件下 B 層的磷由根吸收，植物殘體留在表土。含量範圍在 $0.05 \sim 0.3\%$ P_2O_5。磷含量很低，大概僅氮素的一半或更低，而只有鉀（K_2O）的 1/20。以往認為土壤中全磷量的測定，即可獲知土壤對作物的磷供給量，但由肥料試驗結果證明，土壤全磷量不足以表示土壤中有效磷之供應程度；有效磷占全磷量的極少部分，即土壤中磷酸化合物溶解度極低，且隨土壤性質而異。

(2) 化學形態：土壤中的磷以五種不同化合物存在：

① 有機態磷（organic phosphorus）：存在於土壤有機物中。在土壤有機質中 N/P 比約為 $10 \sim 30$，故土壤有機磷多寡隨有機質含量而異。在農田土壤表土中，有機磷常占磷的 $20 \sim 50\%$。待有機磷分解後，和土壤中的鈣、鐵、鋁形成無機磷化合物。

② 磷酸鈣（calcium phosphate）：磷酸鈣存在於各種反應的土壤中。在中性或偏鹼性土壤中，磷酸鈣是主要的無機磷，其化學組成和磷灰石（apatite）差不多，即 $Ca_5(PO_4)_3(OH)$。磷酸鈣是三種無機磷中溶解度最大的一種，有效性最高，但在石灰性土壤（pH > 7.5）中若有 $2 \sim 3\%$ 以上的 $CaCO_3$，有效性就大為降低。PO_4^{3-} 在鹼性土中占多數，在中等酸度土壤中以 HPO_4^{2-} 及 $H_2PO_4^-$ 形態占優勢，在強酸土壤中以 $H_2PO_4^-$ 為主要。

③ 磷酸鐵（iron phosphate）：可存在於各種反應土壤中，但以強酸性土壤中占優勢，其化學式為 $Fe(OH)_2H_2PO_4$。

④ 磷酸鋁（aluminum phosphate）：可存在於各種反應土壤中，亦以在酸性土壤中占優勢，其化學式為 $Al(OH)_2H_2PO_4$。其量通常少於磷酸鐵。磷酸鐵鋁的溶解度都很低，其中磷酸鐵溶解度更低，故有效性極低。

⑤ 不溶性磷酸（insoluble phosphate）：磷酸鐵或磷酸鋁或二者同被氧化鐵包覆而成的含磷結核，是土壤長年風化的產物，酸和鹼都不能溶解，所以植物無法利用，有效性最低；但在還原性土壤中（例如水田且有機質多），氧化鐵結核被還原而溶解，其中的磷酸鐵或磷酸鋁可能被植物利用。不溶性磷在土壤中的含量很高，熱帶紅壤甚至達 80% 以上。

　　一般而言，表土中有機磷的含量約占全磷的 10 ～ 30%，各種無機磷化合物的含量大致可依土壤性質分為三種：

(1) 以磷酸鈣為主，中性土壤（pH > 6.5）屬之。

(2) 以磷酸鈣及磷酸鐵二者為主，微酸性土壤（pH 5.5 ～ 6.5）屬之。

(3) 以磷酸鐵為主，酸性土壤（pH < 5.5）屬之。

　　磷酸必須溶於土壤溶液中，才能被植物吸收，土壤溶液中含量極稀少，因化學組成分不同，有效性差異甚大，故平均磷含量不太重要，森林表土中磷含量約在 0.01 ～ 0.02 mg/kg 之間。在肥沃土壤之溶液中，磷之濃度常低於 0.5 mg/L。在表土中含量較多，特別是當有大量有機物存在時，其次為較深的裡土層，最低為中間的層次。當土壤溶液的磷酸被植物吸收後，土粒中的磷即溶解釋出補充之。若溶解速率大於植物吸收速率，則土壤中有效磷便無缺乏之虞。各形態磷之轉變如下圖。

　　可溶性磷增加之原因有二：其一為溶解作用，例如土壤中溶解度很低的的磷酸三鈣和酸類作用後，即可變為溶解度高的磷酸二鈣與一鈣。其二為礦質化作用，有機態磷經微生物分解變為無機態磷。反之，可溶性磷亦可與鈣、鐵、鋁結合成溶解度較低的化合物而隨時減少，此現象稱為固定作用或吸收作用；又可溶性無機磷被微生物利用而轉變成有機磷也是固定作用的一種，有時也稱同化作用。以上數種作用在土壤中常同時進行、互相調節，使土壤中的可溶性磷維持在一定濃度。可溶性磷的濃度低時，固定性磷便釋出加以補充；若可溶性磷的濃度太高，即有一部分變成固定性磷。

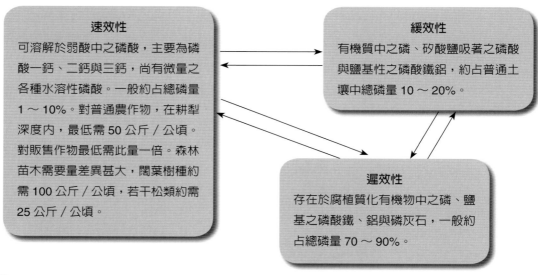

速效性

可溶解於弱酸中之磷酸，主要為磷酸一鈣、二鈣與三鈣，尚有微量之各種水溶性磷酸。一般約占總磷量 1～10%。對普通農作物，在耕犁深度內，最低需 50 公斤／公頃。對販售作物最低需此量一倍。森林苗木需要量差異甚大，闊葉樹種約需 100 公斤／公頃，若干松類約需 25 公斤／公頃。

緩效性

有機質中之磷、矽酸鹽吸著之磷酸與鹽基性之磷酸鐵鋁，約占普通土壤中總磷量 10～20%。

遲效性

存在於腐植質化有機物中之磷、鹽基之磷酸鐵、鋁與磷灰石，一般約占總磷量 70～90%。

▌各形態磷素之轉變

　　有效性磷的測定方法，一般是以某種溶液作為溶劑，在一定條件下溶出一部分磷，稱之為「有效性磷」，作為土壤供給作物磷酸量的指標。因此以某種溶液溶解出的磷酸鹽未必即為作物所吸收的量，只有當用於多種極相似的土壤時，將其結果適當加以解釋，尚有相當價值。

3. 土壤中磷素的管理

(1) 促進磷酸固定的因素：
　　① 土壤反應：此為影響最烈之因素，一般土壤愈酸，固定作用愈強。
　　② 土壤之物理性質：諸如質地黏重者，固定作用強，水分含量多，磷酸之固定作用弱。
　　③ 土壤之化學性質：諸如黏土礦物種類不同，固定作用之強弱不同，一般高嶺土類固定作用最強。土壤中鐵、鋁膠體〔如 hydrated iron oxide FeO(OH)、hydrated aluminum oxide AlO(OH)〕等量多時，固定作用強。
(2) 增加土壤中有效性磷酸的方法：土壤中磷的溶解量在任何情形下均很低，土壤 pH 愈低、質地愈黏重、黏土礦物中高嶺石愈多，則固定作用愈強。增加土壤中磷的有效性有下列基本原則：

① 增加土壤中磷的溶解度：磷的溶解度與化合物種類密切相關，磷酸鐵、鋁的溶解度比磷酸鈣低，所以在酸性土壤中有效性磷含量較低；磷酸鈣的溶解度雖然較高，但在石灰性土壤（pH > 7.5）中若有 2～3% 以上的 $CaCO_3$，有效性就大為降低。一般而言，pH 6.5 時磷的有效性最高。施石灰調整土壤反應，使近微酸性至中性之狀態，兼可供給大量之鈣（一般以磷酸鈣為有效性磷），為酸性土壤中促進磷酸之有效性的良好方法。

② 增加土壤有機質：土壤中的有機質及其分解產物能和鐵、鋁、鈣等離子形成鉗合物（chelate），減少磷的固定作用。土壤中有機磷的礦化是微生物活動的結果，施用石灰及保持適當水分，皆可促進有機磷的礦化作用。

③ 促進微生物作用：有機質之分解主要有賴於微生物作用，而植物吸收利用的磷，主要有賴於有機磷的供給，因此改良土壤物理與化學性質，可促進微生物繁殖與作用，因而能增加有機磷釋放並轉變為有效性磷，以供植物吸收。

④ 土壤水分：土壤水分愈多則溶解作用愈多，固定作用減少；在水田情形下，三價鐵被還原成二價鐵，固定作用更為減少。

⑤ 施用水溶性磷肥：水溶性磷肥的肥效通常比不溶性高，因其能分散在土壤中形成表面磷。若施用於酸性土壤，可點施或條施，或與堆廄肥混合，以避免磷酸被固定，並增加單位土壤體積內的濃度。若先施石灰，則可減少鐵和鋁固定磷的作用。

⑥ 施用可溶性磷肥：粒子宜細小與土壤充分混合，以增進其溶解度。

⑦ 適當施用：磷肥不易從土壤中流失，故可作為基肥。酸性土及砂土因缺乏有效性磷，因此磷肥的肥效顯著。豆科作物對鈣的吸收力特別強，因此可促進磷酸鈣溶解，此外豆科植物的根能分泌某種有機物與鐵、鋁、鈣等離子形成鉗合物，減少它們對磷的固定作用。

⑧ 農地或苗圃休耕期間，利用栽培豆科綠肥與其他纖維狀鬚根作物，此與轉變磷酸之形態及減少固定作用有關。

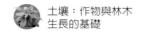

土壤鉀素（soil potassium）

1. 來源

　　土壤鉀之基本來源為正長石（orthoclase）、微斜長石（microcline）與雲母類。此外尚有部分來源為複雜之鋁矽酸鹽（aluminosilicates）。土壤中之鉀，絕大多數以無機化合物的形態存在。

2. 土壤中鉀素的含量與化學形態

(1) 含量：土壤中鉀素之含量視土壤母質與風化程度而不同，最多時高達 5% K_2O，一般在 0.02 ～ 4% 之間，母質中含鉀礦物常見的是雲母、長石等。岩石圈（lithosphere）中的鉀約為 2.58%，其中火成岩（igneous rocks）平均鉀含量約在 2.6% 左右，石灰岩（limestone）的鉀含量則約為火成岩的 1/10 左右，但石灰岩母質土壤的鉀含量比原母質多。自火成岩風化生成之土壤，鉀有減少之現象，在砂土和泥炭土（peat soils）的耕犁層，鉀含量約為 0.05%，在一些質地黏重土壤中，鉀含量可高達 3%。平均而言，農田表土鉀含量約為 1.5%，森林表土鉀含量則約 0.15 ～ 4.0%，都比磷、氮高出很多。不論在森林或農田，鉀含量均有隨深度而增加的趨勢。苗木常有缺鉀現象，主要因土壤中鉀為緩效性的，並非土壤真正缺鉀。雨量大、溫度高、風化旺盛時，含鉀礦物崩解而釋出鉀離子因此易流失。

黏土礦物的種類會影響鉀含量的高低，含鉀礦物如雲母，經風化而放出一部分鉀後，變成伊萊石（illite），風化作用強時放出全部的鉀，則變為蒙特石或高嶺石。因此黏土礦物以伊萊石為主的土壤含鉀量高，以蒙特石或高嶺石為主的土壤含鉀量則低。

在同一土壤不同深度的鉀含量，有時不變，有時隨深度而增加，此為風化洗入的關係。在風化強烈的地區，整個土壤剖面的鉀可能降到一個較低水準，但有時表土的含鉀量反而高於裡土，這是因為根自深處吸收鉀後，經枯枝落葉所回歸土壤的鉀便集中在表土。

(2) 化學形態：有機物中的鉀即為植物遺體中的鉀，以無機鉀鹽及有機酸鹽的形態存在，植體分解後，即游離而與原土壤中無機態鉀合併，變為下述可溶性與交換性鉀之一部分。無機態鉀之分類及含量比率如下：

① 有機態鉀：量很低，以無機鹽狀態存在於有機物中。

② 水溶性鉀鹽（water soluble potassium salts）：量微而存在於土壤溶液中（0.005～0.05%）。

③ 交換性鉀（exchangeable potassium）：為速效性鉀之主要者，常存在於膠質粒子之表面（1～2%）。

④ 固定性鉀（fixed potassium）：如黏土礦物伊萊石（illite）中固定之鉀、微生物固定之鉀、雲母類固定之鉀皆是。

⑤ 礦物性鉀（potassium minerals）：如雲母類、長石類含鉀礦物。

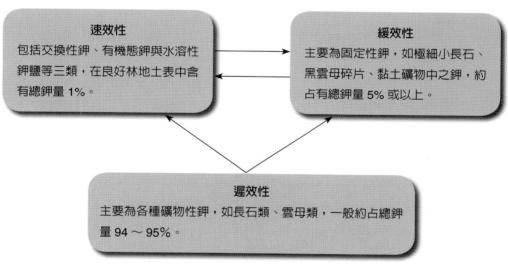

各形態鉀素之轉變

3. 各種形態鉀素的轉變

礦物性鉀與固定性（非交換性）鉀之間不易區分，但均為原生礦物（雲母、鉀長石等）及黏土礦物之結晶格子的構成元素，可總稱為複雜型鉀。所謂狹義的非交換性鉀，指複雜型鉀經強酸抽出、水長時間淋洗、鹽類反覆淋洗等方式，所可以抽

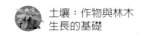
出的鉀。因此非交換性鉀的數值並不固定，依抽出鉀的方式而異，同時各種作物能吸收利用非交換性鉀的能力也不同。

交換性鉀為被土壤膠體（黏粒）的陰電荷所吸引，而能用中性鹽類加以交換抽出的部分，包括吸附在黏粒結晶邊緣的鉀，及吸附在片狀結晶外表面與內表面的一部分鉀。土壤膠體的陰電荷係礦物結晶格子中，Al^{3+} 或 Si^{4+} 被 Fe^{2+}、Mg^{2+} 或 Al^{3+}、Fe^{3+} 取代（稱為同構代換）後所剩下的電荷量，交換性鉀與非交換性鉀不易區分，因為用不同的陽離子做取代試驗時能取代的鉀量不會一樣，且土壤水分變動會使交換性鉀含量有相當大的變化。

水溶性鉀是在土壤溶液中以鉀離子或鉀鹽之形態存在，其含量除在乾旱地帶及鹽鹼土稍多外，一般都不高，因為鉀鹽的溶解度很大，在溼潤地帶容易流失。

上述中礦物性鉀是無效性的，非交換性鉀為遲效性，交換性鉀、水溶性鉀及有機質中的鉀均為速效性（有效性）。植物先由土壤溶液中吸收水溶性鉀，此時交換性鉀迅速游離成水溶性鉀，而遲效性鉀亦逐漸變成速效性鉀，如下圖之平衡向右移動，但若游離速度不及植物之吸收，則發生缺鉀現象。一般交換性鉀含量最多的土壤，在作物生長中急速降低含量，至收穫後交換性鉀含量逐漸恢復。交換性鉀含量較低之土壤作物在作物生長中含量不再顯著降低，即需要施鉀。若施用鉀肥，引起水溶性鉀之增加，圖中的平衡則向左移動。

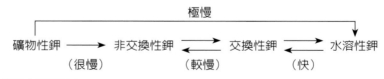

各形態鉀素間之平衡現象

4. 土壤中鉀素的管理

土壤釋放非交換性鉀使其成為速效性的速率，依土壤而異，且是該土壤的特徵。此種速率稱為土壤之鉀素供應能力，此能力的絕對值受種植的作物種類而異，許多學者證明土壤鉀素供應能力與交換性鉀或總鉀含量無關。但在某些氣候、土壤及作物種類條件下，作物之鉀吸收量與交換性鉀密切相關，而與非交換性鉀無關。

　　鉀素肥力之管理，即土壤鉀素有效率之提高與鉀肥的施用。為提高土壤鉀素之有效性，應先了解影響有效性的因素及具體方法。風化程度低的土壤，供給鉀的速度比風化程度高的土壤快。黏土礦物中的 2：1 型礦物如蒙特石類、伊萊石類，其層間會有固定鉀素的作用，因此當這類黏土礦物含量愈多，鉀固定力也愈強，導致鉀有效性偏低。1：1 型黏土無固定鉀素的作用。砂土、陽離子交換能力小的土壤及水田土壤，應將鉀肥分多次施用以減少流失。質地黏、陽離子交換能力大、含 2：1 型黏土礦物較多的土壤，可一次多施鉀肥，使其慢慢釋出供作物利用。在此種流失較少的土壤，若先逐年施用超過作物需要量的鉀肥，將土壤鉀素含量提高到相當程度後，才減施鉀肥，往往可保持作物產量在頗高水準。雨量大、流失量多時，應分次施用，雨水較少時可一次施完。

　　pH 低時鉀的固定力減低，因此土壤施用石灰後鉀固定量可以增加。一般認為土壤 pH 6 以上時鉀有效性最大，以下則減少，pH 5.0 ～ 4.5 以下顯著較差；但試驗結果證明：在有效鉀量相似的情況下，石灰含量高的土壤（pH 較高）容易缺鉀，施鉀肥效果高；而石灰含量低的土壤則不易缺鉀，表示鈣抑制鉀吸收的程度，在 pH 高時較 pH 低時為甚。

　　土壤通氣不好時，O_2 供應不足，CO_2 增加，根的呼吸生長及養分吸收均受阻，各種養分吸收受阻的順序為：鉀（K）＞氮（N）＞磷（P）＞鈣（Ca）＞鎂（Mg）。

　　影響土壤通氣的原因，主要有土壤過於密實與排水不良，在土壤含中量有效鉀的情形下，種植在適當耕耘而構造鬆軟土壤的作物並未引起缺鉀現象，但種在密實土壤的作物則可能表現明顯的缺鉀症狀；又水分過多而滲透速率緩慢的土壤，亦引起作物根部窒息現象，此時鉀的吸收受阻會很明顯。因此，雖然土壤速效性鉀含量高時，亦需要施鉀肥才能防止產量降低。水稻田為窒息病的最佳例子，黏重土壤及密實土壤應行適當耕耘，並增加開墾深度；水田之滲透速率緩慢者應設法排水，休耕期間應速予耕犁促進氧化。通氣不良土壤應增加鉀肥用量，通氣良好保水性佳之土壤可減少用量。

　　覆蓋能引起交換性鉀之釋放，因而增加交換性鉀含量及作物對鉀的吸收。土壤中加入某些有機質亦有相似效果。

　　植物種類不同，根部吸收能力亦不同，故對非交換性鉀之吸收利用有所差別。

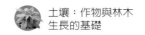
單子葉植物在速效性鉀含量低的土壤中發育旺盛，豆科植物則在交換性鉀含量高的土壤才能發育正常，此與其根部鉀素利用能力有關。

(1)促進鉀固定之因素：

　① 施用石灰：施用石灰可以增加鉀之固定作用，減少植物之鉀吸收量。

　② 乾、溼交替可促進鉀之固定。

　③ 土壤物理性質：諸如空氣與水分流通、質地黏重、構造不良等亦可影響鉀之有效性。

　④ 土壤礦物：如伊萊石有固定鉀之作用。

(2)增加土壤中有效性鉀之方法：

　① 施用化學鉀肥：需要注意者為施用量問題，在砂質土壤中宜少。

　② 土壤之置換能力：凡可增進土壤之交換（或置換）能力的方法，均可增加苗圃土壤中有效性鉀量。

　③ 改良土壤物理性質。

　④ 利用輪耕與休耕方法。

土壤鈣素（soil calcium）

1. 來源

　　鈣對森林土壤之肥力關係甚為重要，其理由為鈣不僅本身為植物之重要養分，且對土壤化育、土壤物理、化學與生物學性質影響極大。鈣在自然界中不能以元素態存在，僅可與其他元素形成安定組合的化合物而存在。石灰岩平均含鈣量約為 30.44%，是含鈣化合物中最高的，其次為白雲石（dolomite）或鈣鎂碳酸鹽類。鈣之基本來源為多種原生礦物（primary minerals）與次生礦物（secondary minerals），包括鈉鈣長石（oligoclase）、鈣鈉長石（labradorite）、輝石（augite）、角閃石（hornblende）與石膏（gypsum）等，其他來源則為多種有機質化合物中。除了碳酸鹽及矽酸鹽形態之外，尚有石膏、磷灰石及螢石（少量）之礦床，以硫酸鹽、磷酸鹽、氟化物形態存在。

2. 土壤中鈣素的含量與化學形態

(1) 含量：表土中含鈣量，約在小於 0.1% 至大於 5.0% 的範圍。土壤中平均鈣含量約在 1% 左右，變異很大，因為含鈣礦物易於溶解，生成自石灰岩的土壤有較高量的鈣。在溼潤地區均屬低鈣含量土壤，反之，乾燥、半溼潤及半乾燥地區皆屬高鈣含量土壤。土壤剖面中，上層常少，視環境因子之作用與母質情形而定。一般淋洗及洗出作用強盛者，上層常少。在林區特別為闊葉林，由於根之吸收作用，復經枯枝落葉而歸還於土壤，常使表層土壤中有效鈣含量高於下層。

(2) 化學形態：與多數鉀礦物相比，含鈣礦物普通皆甚易溶解，因此在黏粒結晶及腐植質粒子上保持的交換性鈣經常比交換性鉀多。植物所攝取利用的屬於交換性鈣離子，且鈣不會發生被固定成無效態或遲效性形態的現象。

　　土壤鈣約有 40% 係由膠體複合物以交換形態（exchangeable form）而保持，此皆為有效性者。在溼潤區內之礦物質土中，可交換態之鈣含量常較鉀量大 6～8 倍。各種含鈣礦物可受水解（hydrolysis）與碳酸化作用（carbonation）影響，而形成水溶性鈣如重碳酸鈣〔$Ca(HCO_3)_2$〕，此形態鈣可直接被植物吸收利用，亦可被土壤膠體吸著或隨水自土中流失。

3. 土壤中鈣素的管理

　　在自然狀態下，任一區域優勢植物類型大部分決定於有效鈣之供給。若將土地由自然狀態轉換成農業利用時，最簡單的方法是按作物自然適合於何種石灰質土壤而分別選種作物，或依擬栽種作物之需要而調整土壤鈣供給量，例如：苜蓿與甘藍菜屬於石灰需要量較高之作物，大豆與燕麥易於栽培在酸性土壤中，越橘及杜鵑花為石灰需要量較低者。pH 與作物生長間之關係如下表所示。

pH、鹽基飽和度與作物生長間之關係

pH	土壤反應	鹽基飽和度（%）	與作物之關係
3	極酸	< 10	幾乎對所有作物均過酸
4	強酸	10	對多數作物為過酸

（續下頁）

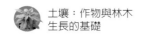
pH	土壤反應	鹽基飽和度（%）	與作物之關係
5	中酸	30	對若干作物為過酸
6	弱酸	80	所有普通作物可栽培
7	中性	100	大多數作物可栽培
8	微鹼	游離 $CaCO_3$	甚多作物可栽培
9	中鹼	若干 Na_2CO_3	對多數作物為過鹼
10	強鹼	多量 Na_2CO_3	對所有作物為過鹼

　　判斷植物是否可在酸性土中生長良好時，鈣並非唯一決定因子，除非是砂土與泥炭土，因為這類土壤含鈣低，氫離子、可溶性鐵、鋁、錳含量均高，不易決定何項為控制因素。多雨地區土壤中，仍保有大量的鈣附著在自然礦物及其變質產物中，透過良好的土壤管理可使其中若干量之鈣釋放到交換位置上。石灰石或其鍛燒產物形態的鈣價格很低，故最經濟方法即是按需要量施用各種石灰物質以供擬栽培作物之需要，鈣又常為磷肥的要素之一，因此有大量鈣自動隨肥料施入土中。

　　樹木需鈣量，就現有資料來看，比磷、鉀的需求量高，但亦隨樹種而有甚大變異，一般言之，闊葉樹需要量較多，針葉樹在土壤富鈣狀態，常生長不良。有時植物表現缺鈣，並非起因於鈣之有效度問題，而係土壤溶液中真正缺鈣，此時必須補充，以維持植物正常生長。有時土壤中鈣之含量過豐，亦會影響植物正常生長，造成植物生理病害，如引起鐵之無效，而導致植物發生黃萎病（chlorosis）即為一例。

土壤鎂素（soil magnesium）

1. 來源

　　鎂在自然界中不能以元素態存在，僅能與其他元素組合，主要如矽酸鹽與碳酸鹽。分布最廣的含鎂矽酸礦物為普通輝石、普通角閃石、黑雲母、綠泥石、橄欖石、滑石與蛇紋石，最為熟知的碳酸鹽形態則為白雲石與菱鎂礦。此外大量的氯化鎂與硫酸鎂常與相當量的鈉、鉀、鈣聯合存在於自然礦床中。複雜的矽酸鎂礦物僅稍溶於水，但碳酸鹽相當易溶，氯化物與硫酸鹽亦有高度溶解性。石灰岩含有若干量鎂，

是供作農業利用最普遍來源。

2. 土壤中鎂素的含量與化學形態

(1) 含量：土壤中的鎂含量，約在小於 0.1% 至大於 2.5% 不等。一般磚紅壤（laterites）含量較低，而自蛇紋石等超基性岩類所生成的土壤含量偏高，是唯一鎂高於鈣含量的土壤類型。土壤中鎂含量變異從砂土僅有微量至黏粒含量高者達 1%。大多數土壤均可發現普通輝石、普通角閃石、黑雲母及綠泥石，這類礦物在土壤形成過程中受水解作用，很多鎂元素被釋放而隨排水流失。

(2) 化學形態：土壤中鎂之行動甚類似於鈣。但其有效性較鈣為緩，較鉀為速，鎂之有效性形態，大半亦以可交換形態為土壤膠體複合物所保持。各種含鎂礦物可經水解與碳酸化作用而造成水溶性形態，如中碳酸鎂〔$Mg(HCO_3)_2$〕。此形態鎂，可直接為植物吸收利用，亦可保存於膠體複合物中或隨水自土中流失。

3. 土壤中鎂素的管理

植物需鎂量比鉀低，但接近於鈣。種子中鎂含量高於鈣，但稻稈與莖中正好相反。已有很多文獻討論植物體內鈣鎂之關係，並指出固定平衡的供給鈣鎂對植物適合生長條件是必需的。慣常施用石灰或肥料在各種土壤中，一般不會造成鎂過多的困擾，在多數情況下，問題都在於缺鎂而非鎂過多。

在溼潤地區，從劇烈淋洗的土壤中釋放鎂的速率較慢，因此不能滿足植物生長需求。若土壤能適當貯存鎂，由有機物分解產生的碳酸、硝酸等的溶解作用，將有助於加速鎂的釋放。鎂被吸附在土壤交換位置中，可經由施加氯化鉀、氯化銨及硫酸鈣等而釋放出來，因此在重施此類肥料的土壤中，鎂元素缺乏有加重的趨勢。

植物吸收鎂決定於可供其利用的鉀量，若有豐富的鉀提供植物使用，則植體的鎂含量將相當低，故大量施用鉀肥於土壤後可適當補充鎂元素。

一般土壤中鎂含量超過鈣時，皆表示地力貧瘠，其理由可能為影響其他養分元素之有效性，以及表示土壤含有足以危害植物生長之多量鎳（Ni）、鉻（Cr）與鈷（Co）等有毒物質，特別是發育自蛇紋岩（serpentine）母質的土壤。

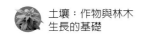
　　森林苗圃中常缺鎂，缺鎂結果，在初期常見老葉之葉尖變黃或橙色，中間部位呈紅色，基部仍維持綠色，後期則全葉變紅，最後脫落。缺鎂現象之發生，主要當起因於葉綠素之合成發生阻礙，對於植物生理種種調節作用之失調亦有影響。

土壤硫素（soil sulfur）

1. 來源

　　土壤硫素之基本來源爲硫化鐵（pyrite）與石膏（gypsum）。硫鐵礦、石膏與無水石膏是岩石及土壤中硫素最普遍分布的形態。在土壤生成過程中，硫鐵礦與其他金屬硫化物依照氧的供給狀況，以硫化氫（H_2S）或氧化硫（SO_2）的形態被釋放，其中很多轉變成硫酸，依降雨量多寡造成土壤中硫酸鹽聚積或排出至海洋中。較乾燥陸地土壤中有大量的石膏與無水石膏形成鹽礦，在中等雨量地區土壤中的石膏有積聚趨勢，因爲有充分水量可洗出高溶解性的鈉與鉀鹽，但不足以移去溶解度較低的硫酸鈣。另外，硫化合物在大氣中有大量存在，並可由雨水洗下至土中。此類來源每年到達地面常有甚大差異，在工廠附近的土壤最大，平均言之，每年每公頃可有 5 ～ 25 公斤。

2. 土壤中硫素的含量與化學形態

(1) 含量：表土中硫含量，約爲 0.03 ～ 0.4%（以 SO_3 表示）。大部分常複合於有機物之蛋白質分子中，其他則以硫化物（sulfides）、硫酸鹽（sulfates）、硫酸（sulfuric acid），甚至以游離硫存在。硫在森林土壤中有積聚於表層之趨勢，此當因森林地表常有大量有機殘體覆蓋地表之故。

(2) 化學形態：硫在土壤中存在量約等於磷，但均爲速效性，若干好氣性細菌可氧化有機化合物中之硫，硫化物與游離硫成爲硫酸或硫酸鹽以供植物利用。

3. 土壤中硫素的管理

　　大多數植物種子的含硫量僅約含磷量的一半，但其他部分含硫量約爲磷的二

倍。某些植物——特別是豆科植物、洋蔥與甘藍屬中植物——含特高百分率的硫，在供硫良好的土壤中生長最佳。

土壤中硫的來源和去向與磷不同，大氣是硫元素相當大的來源，經由降雨將硫帶入土壤中，因此在工業區及實驗室附近收集的硫量較多；此外供給氮、磷、鉀的肥料亦可供應大量硫元素，據估計兩種最普通的含硫肥料爲硫酸銨及過磷酸石灰，硫酸銨供給的硫量比供給的氮量還多，過磷酸石灰則約有相當的硫與磷。與磷酸鹽相比，土壤中的硫酸鹽保持較高程度的可溶性，故可溶性磷在土壤的接觸點或其附近被固定，硫酸鹽則被發現於排水中。

硫及其鹽類除可供作植物營養元素之外，也常被用來改變土壤環境，例如種植馬鈴薯、甘薯、杜鵑花等的土壤中施用元素態硫作爲酸化劑。超施石灰造成土壤微量元素有效性降低時，可直接施用元素態硫或硫化銨。

乾燥地區鹼性土壤之灌漑較溼潤地區酸性土壤有更多問題，常用來矯正鹼土的即爲元素態硫與石膏。硫經土壤微生物氧化成硫酸後，可供作碳酸鹽的中和劑；石膏則作用於鈉及鉀的碳酸鹽，形成較不溶的碳酸鹽與中性硫酸鈉、鉀。選擇使用元素態硫或石膏，取決於土壤中鹼性鹽類的種類及濃度。

土壤中微量養分元素（soil micronutrients）

土壤中的微量營養元素實際上有受母質影響的傾向，常見之微量元素缺乏常與母質含量低有關，而達毒害量一般也和土壤生成的岩石礦物之異常高量有關。

1. 鐵（iron）

鐵爲多種礦物與岩石的重要組成分，故幾乎所有土壤中此元素含量皆豐富。土壤中存在量之變異，與土壤化育之氣候情形及母質性質有關。如在灰化土（podzol）之 A 層中常貧於鐵，但在 B 層中有顯著之聚積現象。在熱帶區所發育之磚紅土，在表土中常有大量鐵存在。

可溶性鐵存在量，受土壤反應與氧化還原作用左右。強酸性土壤中鐵皆甚活潑，中性以上之反應，則鐵變爲安定而溶解極緩。土壤通氣情形不良時，不溶性之

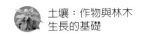
高價鐵（Fe^{3+}）化合物，可還原成為可溶性之低價鐵（Fe^{2+}）形態〔$Fe(HCO_3)_2$〕。此作用在有機物豐富之場合，更易發生。相反，低價鐵（Fe^{2+}）在與空氣接觸情形下，亦易氧化為高價鐵（Fe^{3+}）。

在森林土壤中，一般均有大量有效性鐵以供深根植物吸收利用。但苗圃土壤，有時可能發生缺鐵現象，缺鐵植物必發生黃萎病，因鐵為形成葉綠素時之觸媒，為植物體內之極重要氧化、還原接觸劑，改良之道為利用鐵鹽（如 $FeSO_4$）作為土壤改良劑或噴灑於植物體上。

2. 錳（manganese）與鋅（zinc）

林木常吸收多量錳與鋅，迄今在林地中尚未發現有缺乏現象，錳為植物體內之重要酵素輔酶，可影響葉綠素之形成及呼吸作用，又可控制氧化還原酵素之作用。鋅為構造酵素之成分，形成生長素（auxins），調節植物體內水分。缺錳與鋅之植物皆易發生黃萎病。

3. 硼（boron）

主要存在植物地上部分，而土壤硼的有效性受 pH 支配，在酸性情況下最易溶，以硼酸形態（H_3BO_3）被植物吸收。較高 pH 時，石灰會誘導此元素被黏粒及其他礦物固定，因此超施石灰可能會造成硼的缺乏。森林植物尚未見有缺硼者，農作物如甜菜在若干地區已發現有缺硼現象。硼在植物體內之作用，為與氮及碳化合物之代謝、植物養分之吸收與運輸、花芽之形成、細胞之分裂、細胞之含水量等有關。

4. 銅（copper）

銅在植物體中之重要作用為控制氧化還原酵素作用、對根之代謝作用、蛋白質代謝作用及光合作用亦均有影響。森林植物尚無缺銅現象之報告。

5. 鉬（molybdenum）

鉬在植物體中之主要作用，可能為促進硝酸鹽之同化及氮之新陳代謝作用。影

響鉬有效性的土壤情況與磷類似，例如在強酸性土壤中鉬會被固定，成為無效性，而被固定的鉬離子（MoO_4^{3-}）可經由陰離子交換被磷代換出來。酸性土壤施用石灰通常會增加鉬的有效性。森林植物無缺鉬現象，僅在草原植物有缺鉬現象。

6. 氯（chlorine）

海洋的鹽水浪花蒸發後，氯化鈉塵埃進入大氣中，待由雨水降下攜入土壤。自大氣中添加的氯被認為應足夠滿足作物生長需要。氯在土壤中以簡單可溶性氯化鹽存在，可隨水在土壤剖面中向上及向下移動，在溼潤地區土壤可因淋洗而損失，半乾燥及乾燥地區可有較高濃度，若干排水不良之鹽土其含量可達毒害程度。

維持微量元素間的營養平衡是必需且困難的，因為植物酵素通常須依賴多種營養微量元素之供給，而非僅單一種。例如：植物進行硝酸同化須同時有錳及鉬；鋅及磷有利於植物對錳的利用等。除了共同的有利影響外，若干種酵素與生化反應必需的某一微量元素，可能因第二種微量元素的存在量過高而受到抑制，稱為拮抗作用（antagonism），例如：過量銅與硫酸鹽不利於鉬的利用；過量鋅、錳、銅導致鐵缺乏；過量磷酸導致鋅、鐵、銅缺乏；過量石灰減少硼吸收等。這種拮抗作用也可能用來減低某些微量營養元素的毒害作用。

一般土壤中含有植物必需養分之總量均甚高。在一般農地與苗圃土壤中必須每年施用少量肥料，作物與苗木方可生長良好，此理由為土壤中含有之植物養分雖甚高，但大部分為不能供作物與苗木利用之遲效性物質。就植物養分立場言，真正所謂之肥沃苗圃土壤，必須含有足夠作物與苗木吸收利用之有效性植物養分。

第十章

問題土壤的管理與改良

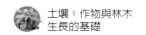

　　所謂「問題土壤」（problem soil），可定義為「用科學技術無法解決或無法加以改良的土壤」，或是定義為「要投資才能加以改良且能達到一定之生產力之土壤」。在臺灣地區主要之問題土壤包括：(1) 強酸性土壤；(2) 微量元素缺乏或養分不平衡之土壤；(3) 受鹽分影響之鹽土或鹽鹼土；(4) 陡坡地易受沖蝕之土壤；(5) 排水不良之水田；(6) 深層砂土；(7) 受壓實土壤；(8) 受汙染土壤；(9) 有機物缺乏等，總共約 74 萬公頃之土壤（如下表）。為了永續性農業發展之需要，未來勢必要加以改良。

　　目前已有很多技術可加以改善，例如：(1) 可施用天然「石灰物質」以中和強酸性土壤，使土壤為中性；(2) 可用「洗鹽」方法及選擇耐鹽性作物之方法，在鹽土區耕種生產；(3) 用「暗管排水法」改善排水不良之土壤；(4) 施用硫磺、微量元素或矽酸爐渣法，以調整微量元素缺乏或養分不平衡之問題土壤；(5) 使用水土保持方法，防止坡地水土之嚴重流失；(6) 利用深耕及施用有機肥等肥培管理法，解決土壤壓實問題等。

臺灣地區主要之問題土壤、分布之地區、土壤特性及改良策略

問題土壤之種類	估算面積（公頃）	分布之地區	土壤特性	改良策略
(1) 強酸性土壤	250,000	臺灣北部	■ pH < 5.5。 ■ 易缺乏鈣、鎂、磷、鉬。	■ 施用石灰物質。
(2) 微量元素缺乏或養分不平衡之土壤	50,000	臺灣東部	■ pH > 7.5。 ■ 易缺乏錳、硼鋅、磷。 ■ 銨肥易揮發。	■ 施用硫磺降低 pH。 ■ 施用微量元素補充。
(3) 受鹽分影響之鹽土或鹽鹼土	25,000	臺灣西南部沿海	■ EC 值 > 4 dS/m。	■ 田間洗鹽。 ■ 選種耐鹽作物。 ■ 注意灌溉水水質。
(4) 陡坡地易受沖蝕之土壤	220,000	臺灣各地陡坡山地	■ 坡度大。 ■ 土壤沖蝕大。	■ 加強水土保持工作。 ■ 加強坡地造林。
(5) 排水不良之水田	180,000	臺灣各地	■ 通氣排水不良。 ■ 根系生長受阻。	■ 暗管或畦間排水。 ■ 深層耕犁。

（續下頁）

問題土壤之種類	估算面積（公頃）	分布之地區	土壤特性	改良策略
(6) 深層砂土	40,000	臺灣西部及東部沿海	■ 保水保肥差。	■ 客土。
(7) 受壓實土壤	20,000	臺灣南部	■ 底土密實。 ■ 排水不良。	■ 深耕犁。 ■ 施用有機質肥料。
(8) 受汙染土壤	900	臺灣各地	■ 受重金屬汙染。	■ 汙染整治技術。
(9) 有機物缺乏	-	臺灣各地	■ 有機質 < 2%。	■ 施用有機質肥料。 ■ 種植綠肥作物。

土壤水分管理

　　水分是影響植物生長的最大限制因子，是植物正常生長所不能缺少的物質。土壤水分張力介於永久凋萎點和田間容水量之間的水分含量，稱為有效水範圍，為適合植物生長的土壤水分狀態。土壤孔隙為水和空氣所充填且互為消長，仰賴有效的灌溉和排水來調控根系周遭的適宜水分供應及良好的通氣環境，即為土壤水分管理。

1. 土壤排水

　　排水的目的，是藉由逕流排出地面過剩的水或將進入土壤剖面中過多的水迅速排離根系附近，使根系不致缺氧。土壤排水良好是指土壤無過多水分限制植物生長；中等排水良好是指僅輕微影響植物生長；排水有些不良為土壤中的高地下水位造成某些問題，如延遲種植計畫、耕犁操作或其他作業，但不至於妨礙作物栽培；排水不良土壤則泛指不實施人工排水就不能栽培旱作者；土壤在多數時間為水飽和狀態的則屬於排水極不良。

　　土壤排水情形的好壞，可用下列土壤性質或特徵加以說明：

(1)植被：某些排水不良的土壤可能與鄰近排水良好土壤有相似的植被，但排水不良與極不良土壤可能長有蘆葦、菖蒲等喜愛水的植物。

(2)土壤顏色：通常排水不良與極不良土壤因有機物含量多，表土時常呈黑色，某些部位可能有鐵鏽色的斑點，永久潮溼的部位則呈灰藍色。

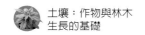
(3)有機物含量：潮溼土壤因缺乏氧氣，有機物的分解緩慢而保存較多有機物。

(4)黏粒含量：風化作用須有水分參與，因此排水不良土壤比乾燥土壤形成更多黏粒。

(5)土壤 pH：乾燥地區的低窪地帶，若部分時間有多量水分，則當水分從底層向上移動時，可溶性鹽類（通常爲碳酸鹽）也會向上移動而聚積，使土壤呈鹼性反應。

土壤排水的類別如下：

(1)地表排水與地下排水：以排除地表過剩水爲目的者稱爲地表排水，在洪氾區與低窪地最常利用。以排除地下水爲目的者稱爲地下排水。

(2)立即排水與限期排水：在不容浸水的地區（如城市、住宅區、工廠、礦坑等處），若遭天災人禍，必須設法立即排除淹水者，是爲立即排水；若浸水區屬於耐浸作物栽培區，短期浸水無太大妨礙，可在某一期限過後才排除浸水者，稱限期排水。

(3)自然排水與人工排水：自然排水是依自然地形地勢開溝集水，使水循重力作用之方向宣洩於河川中，天然河川也是自然排水線。人工排水則在：

① 自然排水系統過於緩慢；

② 土壤質地過於黏重或有不透水層存在；

③ 排水區的水位比排水出口外的水位還低等情況下施行。

土壤排水方法主要分爲二種，即明溝排水與暗溝（涵管）排水：

(1)明溝排水：爲最古老的排水方法，可做地表排水、地下排水或同時兼有兩者。明溝排水的優點在於易開鑿、排水量大、設施費用低、易清潔維護、對不同地形之適用性較高等；不利之處則是需占用較多土地，且形成人、牲畜及機具的移動障礙。明溝的設計需注意土壤侵蝕及占用面積問題。

(2)暗溝（涵管）排水：當排水系統必須伸入田地下層時，通常選擇暗溝排水方法。此種排水方法特別用於地下排水，也可以和地表進水口連接，以排除低地及階地之低窪處的地表水分。暗溝排水的優點在能維持地表平整，允許正常通行；最大的缺點是安裝成本高，且某些情形不利安裝，如土層較淺、土壤含石量多、土壤導水度低等。

2. 土壤灌溉

灌溉之功能在於增加水分以滿足植物需要、克服乾旱的限制與改善植物生產的質與量。因此灌溉的定義為：持續以人工適時適量供給良質水分予植物，以維持其正常生長。

灌溉在乾燥區及半乾燥區顯然非常重要，因為在乾燥氣候下，降水量受季節影響而不規律，植物生長亦受降水量的限制，必須在短時間內有效利用水分或是仰賴灌溉。在溼潤地區實行灌溉，不需要改變栽培作物程序即可增加產量。甚至在溼潤區若兩次降雨間隔期間過長，土壤中有效水分不能滿足作物所需時，實行灌溉可增加產量。因此，土壤之有效水分保持容量，在決定是否灌溉上是很重要的。

除了乾旱之外，灌溉尚可對作物提供保護使其免受危害。例如噴灑灌溉系統（sprinkler system）可保護敏感果樹作物免受冰霜危害，因為灌溉水釋放熱使溫度保持在近 0°C，不再降低至足以凍傷植物組織。相似地，時常輕度灌溉增加蒸發作用，可冷卻土溫，保護作物抵抗炎熱夏季。

灌溉水源包括地表水（淡水河川及湖泊）、雨水、地下水、冰山及脫鹽水等，當水分滲經土壤與岩石層，使各種物質溶解在其中，水質即發生改變，若灌溉水質不良，將帶來過量鹽類聚積，破壞土壤生產力。預測灌溉水對土壤可能產生的影響時，有四項重要因子必須考慮，說明如下：

(1)總鹽類濃度：若總鹽類濃度高將使植物吸水困難，需要更多水分淋洗出土壤鹽類，使土壤保持高水分含量以供植物利用。總鹽類濃度有多種評估標準，其中最常被利用的是電導度（electric conductivity）。

(2)鈉離子對鈣、鎂離子的比例：此比例稱為鈉吸附比（sodium adsorption ratio, SAR），若 SAR 值高表示可交換性鈉百分率（exchangeable sodium percentages, ESP）高，而高交換性鈉百分比為鹽鹼土及鹼土特徵。

(3)有毒害離子：灌溉水中硼酸鹽離子是最常見的毒害離子。此外，氯及其他若干離子亦高達足以傷害作物生長，但罕有毒害現象。砷、氟、鋰、硝酸態氮、硒及若干重金屬離子可不傷害植物生長而對動物造成毒害。

(4)固體物含量：灌溉水中的沉積物可能造成堵塞，減低土壤通透性，使植物窒息。水中攜有農藥、其他化合物或雜草種子也會造成不利影響。

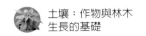
灌溉的方法甚多，可參考下列各種常用方法的適宜性及優缺點，並考慮農地的特性、水源的豐缺、作物的需水特性，選擇採行的灌溉方式。一般可區分為下列四種主要形式：

(1)地表灌溉：是最古老的灌溉方法，但仍占所有灌溉供水約四分之三，主要包括畦溝灌溉（溝灌）以及溢灌（淹灌）兩種。畦溝灌溉（溝灌）常用於行栽作物，水分沿植物行間開掘的小溝流動。溢灌（淹灌）是保持土壤較長時間浸淹以生產水稻，或做短期浸淹以種植其他多種作物。

(2)地下灌溉：其作用為保持地下水位在一控制深度內，在潮溼季節移出部分過剩水及在乾旱季節增補水分。要求地形十分平整，底土為高滲透性且其下有一不透水層。

(3)噴灑灌溉：適用於任何氣候，溼潤地區常用。多數田地噴灌是使用旋轉式噴頭，通常連接於一移動型或可移動型管線上，灌溉一般糧食作物。

(4)滴灌：以小型軟質塑膠管帶有滴水裝置，藉水滴向下滴灌以溼潤接近植物根部的局部土壤，用水量低。基本目的只求植物根圈能經常保持溼潤，最能有效利用水分。

常用灌溉方式優缺點比較

灌溉方式	適用地區	優點	缺點
地表灌溉（包括溝灌和淹灌）	水源水量豐富及勞力充足地區。	■ 容易維護。 ■ 容易控制灌溉水。 ■ 水利用效率高。	■ 容易浪費水。 ■ 容易發生地表土壤沖蝕及流失養分，特別是在較陡的農地。
地下灌溉	地下水位高度易控制之農地；滲透性較慢之平坦農地。	■ 水分不容易在土壤表面蒸散損失。 ■ 粗質地土壤中若有密實層存在，則也有較佳的效果。 ■ 設計良好可以減少勞力需求。	■ 臨近的農地也必須採用相同的灌溉方式才較可行。 ■ 需要高品質的灌溉水質，土壤含鹽量也需較低。 ■ 需要搭配排水設施。
噴灌	所有作物的栽培；也可用於地形不平坦之地。	■ 灌溉水可均勻分布。 ■ 灌溉水量容易調節，藉由少量多次的灌溉，進一步防止表土沖蝕。 ■ 搭配使用肥料和化學藥劑，控制溫度及防治霜害。	■ 昂貴的設備費及維修費。 ■ 灌溉水質不佳會損傷葉面。 ■ 風力影響灌溉水的分布和效率。

（續下頁）

灌溉方式	適用地區	優點	缺點
滴灌	高經濟作物；灌溉水品質些微不佳之處；水源較缺乏之農地。	■ 高水分利用率，省水省能源。 ■ 雜草生長不易。 ■ 可搭配使用肥料和化學藥劑。	■ 昂貴的設備費以及易堵塞，維修費高。 ■ 植株附近容易有鹽分聚積。 ■ 土壤水分分布侷限在施灌處，也容易侷限植株根系的發展。

水蜜桃果樹的滴灌設施

溫室哈密瓜作物根部的滴灌設施

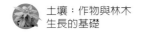

土壤有機質管理

　　土壤有機質之功能包括：提供植物生長所需之養分、吸附陽離子、促進礦物溶解而釋出養分、增加土壤保水能力、促進土壤團粒化而改善土壤構造、提供土壤微生物能源與促進土壤吸收熱能並提高土溫。

　　土壤有機質含量的多寡，為在維繫土壤品質中最重要的因子，間接或直接地影響其他土壤品質指標因子的好壞。主要的管理策略，包括：

土壤有機質管理策略	加入有機質於土壤中	降低有機質的分解速率及有機質的損失量
實施方式	■ 合宜施肥和灌溉管理，提高植體之生質量（biomass）。 ■ 保留或加入植體殘體。 ■ 有機質肥料，廄肥或堆肥的正確與合理添加。 ■ 實施輪作制度，包括與綠肥作物或與覆蓋作物配對。	■ 避免火災之發生，不燃燒作物殘體。 ■ 採用最低耕犁（minimum tillage）或零耕犁（zero tillage）制度，減輕耕犁的影響程度，減少耕犁次數或不耕犁。 ■ 以植生覆蓋降低土壤溫度，減緩有機質的分解。 ■ 良好的水土保持，減少地表土壤沖蝕。

▎利用稻稈覆蓋（左圖）與種植綠肥作物（右圖）都有助於加入有機質於土壤中

肥培管理

　　雖然土壤中的有機質與黏土礦物都具釋出養分及保持養分的功能，但是由於集約耕作，土壤所能供應的養分無法滿足每一期作物的生長所需，因此需要依賴施用有機質肥料或化學肥料來補充。藉由適當的施肥，一方面確保作物產量和品質的增進，一方面可間接提升土壤品質。

1. 影響施肥的因素

(1) 品種的特性：生長潛力較大品種需肥量（尤其氮肥需要量）多於生產潛力較低者，例如矮性多蘗，葉片直立不易倒伏之品種產量高，其氮肥施用適量亦較高，反之，則較低。晚熟品種需肥量大於早熟品種。

(2) 氣候因素：

日照	■ 陽光充足時光合成產物之生產潛力增加，如供給多量氮肥予以配合，可使此潛力充分發揮，獲得高產。 ■ 陰天多，光線不足，氮肥需要量減少，多施氮肥易導致減產。 ■ 光線不足時作物需求較高之鉀素營養；需要供給較多鉀素，始能維持正常之光合成速率。
水分	■ 水分成為限制因子時作物之乾物生產量減少，肥料之需要量亦當減少。
溫度	■ 高溫季節土壤有機質之氮素釋放較快速，根之吸收率亦高，因而作物需氮量降低。 　● 例如春夏植甘薯、大豆等之氮肥用量均較秋作減少，否則易引起徒長，產量降低。 ■ 溫度低時，吸收受阻最嚴重之要素為磷。 　● 同一塊田在高溫期種植玉米或高粱，無磷區之缺磷病徵不甚明顯，然在低溫期種植者，則頗嚴重。

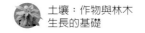
(3) 土壤：

土壤肥力	■ 土壤中某種要素之供給量低，則供給該種要素之肥料需要量高，施用效果亦大。反之則小。 ■ 由多處肥料試驗之結果可以求得肥料效果指數（或肥料經濟用量）與土壤養分測定值（要素供應能力）間之相關。 • 有了此種資料後，不必每處舉辦肥料試驗，只要測定個別地點土壤之養分含量（或供應能力），即可求得個別地點土壤之需肥量。 • 推薦磷、鉀肥需要量之最科學方法即應用此原則。 ■ 氮肥需要量，由於田間土壤之理化性、氣候及耕作方式之變化對有機質分解之影響極大，頗難憑化學分析推測不同地點土壤之氮肥需要量，故在氮肥方面需依賴過去由田間試驗所得結果與生長期間作物之反應，以調節其施用量。
其他理化性質	■ 土壤排水不良時鉀之吸收最易受抑制，故鉀肥效果特別明顯，用量亦要多，水田及旱田均是如此。

(4) 栽培管理：

植物保護	■ 病蟲害之發生及雜草之滋生使氮肥用量之經濟限度降低，故植物保護措施之徹底執行為獲得施氮最高效應之要訣。
密植度	■ 密植度提高時肥料需要量亦隨之提高。 • 密植度達到某一程度以上時，肥料需要量不再增加，甚至減少。
覆蓋	■ 以稻草等材料覆蓋，對保持水分及改善土壤物理性等有很大效果，並在其分解中釋放各種要素，其中以鉀素最多。 • 有稻草覆蓋處理之作物對鉀肥之需要量可減少，但因生育旺盛，其氮肥需要量反而可以增加。
耕耘	■ 在旱田過度或水分過多時之耕耘，破壞土壤構造，使其變為緊密而通氣不良。在此種情況下鉀之吸收受阻，鉀肥需要量提高。 ■ 無論水田或旱田，其整地操作會促進土壤有機質之分解，增加氮素之供給。 ■ 以不整地方式栽培作物時，因土壤有機質分解較少，而且所施氮肥之損失較多，氮肥之需要量會增加。
水分管理	■ 直播水稻因初期沒有保持浸水狀態，硝化作用旺盛，氮肥損失較移植栽培為大，因此水稻之氮肥需要量增加。 • 行輪流灌溉及滲透快之水田亦因同樣理由應增加氮肥需要量。

　　由於以上各種因子均會影響作物之產量及肥料需要量，施肥適量係在標準栽培管理下依品種、栽培季節、地區（生產潛力）及土壤肥力分別推薦，而在栽培管理改變時，則另註明施肥適量如何增減。

2. 特殊土壤的施肥

老朽化水田 （秋落田）	■ 質地粗保肥力差，以致養分流失，初期施肥養分充足時生育良好，後期變差，應注意養分的補充，施穗肥可使水稻產量提高。 ■ 由於活性鐵不足，在浸水還原狀下易生硫化氫，令根腐爛或抑制養分吸收，可用含鐵之紅壤客土後深耕加以改良，不可施含硫酸根之肥料，因為在還原狀態易生硫化氫，以尿素、熔磷、氯化鉀較佳。 ■ 由於鐵、矽、鈣、錳等易流失，可施矽酸鈣、熔磷、礦渣等予以補充。 ■ 施堆肥等效果良好，但不可施未腐熟者，因為分解形成之有機酸會助長還原狀態。
排水 不良水田	■ 含氧量少而有機質多且不易分解，夏季地溫高，有機質分解產生硫化氫，**毒害稻根**和有機酸助長還原狀態。 ■ 可埋暗渠排水以增加土壤中含氧量及排出有機酸。 ■ 施肥盡量施在表層，不要施用未熟的堆肥及含硫酸根的肥料，氮肥不可過量，應注意鉀肥的補充，一部分作穗肥，效果良好。
砂質土壤	■ 保肥力低，故施肥量較一般為多，氮、鉀以分施為宜，磷肥以不溶性的緩效肥料為佳，鉀肥的肥效高應多施，也可利用葉面施肥。 ■ 可以客土改良，或在表土覆蓋塑膠布、施堆肥等來保持水分。
淺耕土壤	■ 土層淺，施肥常易過量危害作物，應少量施用，應注意作物後期之養分的補充。
鹽分土壤	■ 應種植耐鹽作物，苗期養分要充足，基肥勿多，不可施速效性肥料，堆肥等勿多量施用。 ■ 灌溉水不足時，勿使用草木灰和鈣肥。
重黏質土壤	■ 黏粒太高造成排水不良、耕犁困難與作物生長不易。 ■ 夏天時水田根易腐爛。可以用埋暗渠、深耕、多施有機肥、客土等改良其物理性。 ■ 施肥時不用含硫酸根的肥料、有機肥必須腐熟，此類土壤若鐵不足時，可施礦渣。 ■ 施矽酸鈣，肥效高，作物後期對鉀肥的追施效果亦好。 ■ 若此土屬紅土則鈣、鎂極缺，磷亦不足，應使用白雲石粉及磷肥。
海埔地土壤	■ 土壤含鹽分濃度太高，作物不易生長；以下列方法來改善： 　• 設法排水、降低地下水位。

（續下頁）

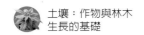
海埔地土壤	<ul><li>若地勢較低，則水分含量高，易使土壤形成還原狀態，使稻根腐爛，可用高畦栽培。</li><li>間斷灌溉。</li><li>種植牧草，以改良土壤團粒結構。</li><li>土壤經年種植會使產量降低，應施用堆肥及矽酸鹽類。</li></ul>

3. 施肥的合理化

　　農作物從土壤中吸收的各種營養要素有多有少，需要量較多的有氮、磷、鉀，稱之為「三要素」，由於三要素影響作物生產及產品品質甚鉅，也占施肥成本最大部分，因此，三要素肥料之施用量、施用方法及使用肥料種類之選擇，是作物肥培管理上重要課題。一般而言，短期作物可依土壤分析測定來推薦肥料要素用量，長期作物尚需作植體（葉片）分析診斷才能推薦合理施肥量。

　　需要量較少的矽、鎂、鈣稱之「次量要素」，常因作物及土壤特性作選擇性之使用。依土壤反應測定結果，在酸性土壤，含鈣、鎂石灰資材之使用相當重要，唯一些嗜酸作物如茶、鳳梨等除在極強酸性土壤（pH 值 4.5 以下）外，則無須使用；酸性稻田則需使用含矽之肥料，如矽酸爐渣等。

　　需要量甚微小的鐵、錳、銅、鋅、鉬、硼等為「微量要素」，一般土壤中含量應可充分供應，但局部性及地區性或有微量要素之缺乏情形，一旦缺乏某種要素則影響生育產量至大，此種微量要素之使用就不能忽視，唯微量要素缺乏時需依其徵狀及分析診斷確認後方可施用，不能任意施用，以免發生毒害或汙染土壤。

　　合理化施肥為肥培管理必須遵循的精神，肥料的施用乃秉持適作、適地、適量和適時的原則決定肥培管理策略，減少肥料損失，減輕肥料對環境衝擊，並提升肥料有效利用率。

強酸性土壤的改良

1. 酸性土壤的定義

通常土壤溶液中游離的氫離子濃度高於氫氧根離子濃度的時候，稱為具有酸性反應的土壤。但一般所謂的酸性土壤，是指土壤的酸度（pH 值）已經影響土壤中養分的可供給度、根的伸展與微生物活性，使農作物生長產生障礙。對一般農作物而言，酸性土壤的分級如下表，因此當 pH 值在 5.5 以下時，我們統稱為強酸性土壤。我國最大宗的問題土壤為強酸性土壤（pH < 5.5），也是臺灣主要耕地土壤，面積分布甚廣。

土壤酸度與鹼度的等級區分

酸度或鹼度	pH 範圍
超酸性（ultra acid）	pH < 3.5
非常酸性（extremely acid）	pH 3.5 ～ 4.4
極強酸性（very strongly acid）	pH 4.5 ～ 5.0
強酸性（strongly acid）	pH 5.1 ～ 5.5
中等酸性（moderately acid）	pH 5.6 ～ 6.0
微酸性（slightly acid）	pH 6.1 ～ 6.5
中性（neutral）	pH 6.6 ～ 7.3
輕度鹼性（mildly alkaline）	pH 7.4 ～ 7.8
中等鹼性（moderately alkaline）	pH 7.9 ～ 8.4
強鹼性（strongly alkaline）	pH 8.5 ～ 9.0
極強鹼性（very strongly alkaline）	pH ≧ 9.1

2. 酸性土壤產生的問題

當土壤酸化後，所產生對土壤、植物甚至生態系之不利影響如下：

(1) 土壤 pH 值小於 5.5 時，溶解性的鐵、鋁及錳含量會增加，但是在植物的生理需求上，並不需要太多的鐵、鋁及錳，因會對植物造成毒害。

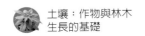

(2)在強酸性土壤的環境下，磷會與鐵及鋁結合成為不溶性的磷酸鐵及磷酸鋁沉澱化合物，導致植物對磷的吸收困難。

(3)在強酸性土壤的環境下，土壤有機物很難釋放出植物所需要的氮、硫及磷等元素。

(4)pH值太低時，表示土壤中鹽基性的陽離子如鉀、鈣及鎂等很容易流失，同時硼、鋅、銅及鉬等元素也會欠缺。

(5)土壤中的有益微生物如細菌、放線菌、固氮菌與硝化細菌等，在 pH 值過低時活性會降低，因而影響許多土壤生化反應的速率。

(6)生長於土壤中的真菌，在酸性環境下活性會增加，而這些真菌往往是農作物病害的主要來源之一。

(7)酸性土壤所溶出的鋁，隨著水流進入地表水（如河川、湖泊與水庫等）或地下水，會對水生動物與植物造成毒害作用。

3. 強酸性土壤的改良對策

對策	說明
栽種耐酸品種，如茶樹、鳳梨、杜鵑、石楠、茶花等	■ 節省土壤改良之費用。 ■ 如果廣泛種植會使市場供需失衡。 ■ 一般來說產量不高，必須配合施用高量肥料。
加重肥料的施用	■ 效果無法持續長時間，可能須補施數次。 ■ 要投入大量人力與物力，並可能造成環境汙染與降低土壤品質。
客土	■ 耗費運費與人力，不宜大面積操作。 ■ 植株根系如果再次伸長到客土層下方，則強酸性的危害仍沒有消失。 ■ 客土中如果含有毒害物質，或土壤質地與原來的土壤差異甚大，會造成土壤汙染、作物毒害與土壤排水不良等危害。
施用石灰資材	■ 可同時提高土壤 pH 值與養分有效性。 ■ 有較持久性的改良效果，若再搭配添加有機質肥料，有更好的改良效果。

最經濟且有效的強酸性土壤改良方法為施用石灰。石灰資材的品質、施用量、

土壤 pH 緩衝能力、施用方法及施用時期皆會明顯的影響其施用效果。

(1)石灰資材的選擇：

　①應具有較強的酸性中和能力，常被推薦使用的包括石灰石粉、苦土石灰（白雲石粉）及煉鐵爐渣等。

　　A. 爐渣爲煉鋼過程中的廢棄物，本身即含有鈣、鎂，其鹼度雖不如石灰石粉及苦土石灰，但爐渣另含有磷、硫、鐵、錳等作物生長所需的植物養分，此爲其優點之一。

　　B. 含有鎂的苦土石灰爲我國較佳的強酸性土壤改良劑。

　②若要改良底土之酸性，則施用石膏之效果將更佳，故苦土石灰和石膏之配合施用將可同時達到表土和底土酸性改良之目的。

　③資材之粒度亦會影響改良效應，一般而言，愈細者，改良效果較佳。

(2)石灰資材的施用量：施用量的決定應以提升土壤 pH 至欲種植作物的生長適宜 pH 之中間值爲目標。

有許多方法可用於檢定石灰需要量，可委請各區農業改良場做土壤檢定，以確實了解田間的石灰需要量。或者藉助以下的簡要規則來決定（估算）土壤的石灰需要量（公噸／公頃）（計算的基準爲改良表土 0～20 公分土層），若要改良 0～60 公分厚度之土壤時，則用量只需乘以 3 來估算。

各種土壤的石灰需要量（公噸／公頃）

pH	砂土及壤質砂土	砂質壤土	壤土	坋質壤土	黏土	有機質土
4.5 增至 5.5	0.7	1.2	1.8	2.8	3.7	8.2
5.5 增至 6.5	1.0	1.7	2.4	3.5	4.7	8.5

如果人力與財力耗費較高，可降低改良目標（pH）。一般來說，改良目標可設爲礦物質土壤 pH 5.5 及有機質土壤 pH 5.2，因爲在此目標值下，可明顯降低鋁與錳毒害，以及大量減少石灰用量，但是必須每年重新測定土壤 pH 值。如果土壤 pH 值低於 5.5 時，就必須再補充添加石灰。另外，建議土壤改良的深度應擴及根系生長的深度。

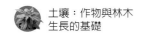

(3)石灰資材的施用法：石灰資材不易溶於水中（溶解度低），因此施灑在土壤後，隨著土壤水的移動速度較慢，如果又只施灑在土壤表面，大概只能改善幾公分表土的 pH 值。建議要藉助有翻犁功能之耕型農機具，確實將石灰與土壤拌均勻，或者可將石灰先加入水做成懸浮狀溶液，再注入到土層中。

鹼性土壤（土壤鹽害）的改良

1. 鹼性土壤的定義

此處所謂之鹼性土壤包括鹽土（saline soil）、鹼土（alkali, sodic soil）與鹽鹼土（saline-alkali soil）等三類土壤。土壤鹼性的來源有以下幾個方面：

(1)土壤的本質特性：含有多量的鹼性物質，例如臺灣地區常見之沖積土中含有高量的石灰物質（如碳酸鈣）。另外在鹽鹼土方面，臺灣地區的鹽分地主要為鹽土與鹽性鈉土，無鹽鈉土則很少，pH 可高達 8.5 左右的鹼性，含有高量的鹽類。

(2)人為及環境的影響：

① 過量施用石灰質材或鈉鹽：在酸性土壤，為了調整 pH 值以改良土壤，時常施加石灰質材，但不宜過量，否則就變成鹼性土壤。另外，不正確的施用食鹽於土壤，在過量或長期施用時，土壤最後將成為鹽分地，作物必將受到危害。

② 不當的灌溉水：海邊的土地時常缺水，如果灌溉水質不良，導電度偏高（4 dS/m 以上），致使土地被鹽化或鹼化，甚至也有因為不正確的方式灌用海水，最後造成土壤鹽化，得不償失，應更加重視保育土壤。

③ 地下水鹽分過高：土壤水分蒸發，將鹽分自土壤的下方移至表層，如果加上排水環境不良時，將加重對土壤的危害。

依據美國 Salinity Laboratory 的分類，認為鹽土為含有中性可溶性鹽類的量達到足以對多數作物的產量發生不利的影響者。土壤中可溶性鹽類含量可以全土壤質量的重量百分率來表示，在美國 Salinity Laboratory 的定義為土壤飽和萃取液在 25℃時之電導度（electrical conductivity, EC）≧ 4 dS/m 者稱之為鹽土。對於中等質

土壤而言，25℃時之電導度是 4 dS/m，可溶性鹽類的含量相當於乾土量的 0.2%，假設土壤中含水量為 20%，則乾土中的 0.2% 鹽類溶解於此土壤水分中時，便成為 1% 的鹽類溶液。下表中表示土壤中鹽分含量對作物的影響。

鹽類對作物生長可能的影響

飽和萃取液電導度 （dS/m, 25℃）	總鹽類含量（%）	作物反應	分類
< 2	< 0.1	鹽漬度影響多數可以忽視	非鹽性土
2～4	0.1～0.15	甚敏感作物產量可能受限制	微鹽性土
4～8	0.15～0.35	甚多作物產量受限制	中鹽性土
8～16	0.35～0.70	僅耐作物適合生長	高鹽性土
> 16	> 0.70	僅少數甚耐鹽作物尚可生長	極端鹽性土

鹽土中所含的可溶性鹽類主要為 $NaCl$、$MgCl_2$、$CaCl_2$、Na_2SO_4、$MgSO_4$ 與 $CaSO_4$，其他的含量皆低。一般鹽土中交換性鈉的量規定為小於 15%，因此其 pH 值皆小於 8.5。鹽土，特別是在乾燥季節，通常在表面會形成白色結殼，所有又稱為白鹼土（white alkali）。鹽土中因含中性鹽類量多，因此常呈絮固狀態（flocculated condition），如果有良質水源，排水也不成限制條件，過量的鹽類容易被淋洗至根圈以下。

土壤在交換性複合物上聚積充分量的鈉達到妨礙多數作物正常生長者，皆被稱為鹼土或鈉質土（alkali, sodic soil）。鹼土之交換性鈉百分率（exchangeable sodium percentage, ESP）飽和度達 15% 以上，因此 pH 值常在 8.5～10 之間，且通常不含有相當量的中性可溶性鹽類與飽和萃取液在 25℃時之電導度小於 4 dS/m。在缺乏過量中性可溶性鹽類且有過量交換性鈉時，乃促成不良的物理性質及高 pH 值。

在高度品質變壞的鹼土中常有相當量的 Na_2CO_3 存在，又由於交換性鈉或碳酸鈉的水解作用，乃產生高的 pH 值。由水解作用而生成的氫氧化鈉可溶解有機物，因此能使鹼土表面成為黑色，而常被稱為黑鹼土。

鹼土在缺乏中性鹽類時有表現絮散（deflocculation）的趨勢，水及空氣變成不易穿透，乾燥過程中亦不會重行粒團化，當潮溼時各個膠體粒子彼此排斥而保持分

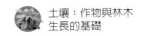
散狀態。分散的細土壤粒子部分會阻礙土壤孔隙，依序對水分的穿透及移動必然發生不利的影響；當乾燥後，此類土壤多成為整塊狀、硬且密實。土壤的物理情況不良、高 pH 值及造成營養的不平衡為土壤生產力不佳的主要原因，在極端的情況下，無植物可以生長。

　　鹽鹼土專指兼具有鹽性與鹼性兩項性質的土壤，變異很大。一般的說明簡示如下：

(1) 飽和萃取液在 25℃時之電導度大於 4 dS/m。

(2) 交換性鈉超過 15%。

(3) 有一變異性 pH，依交換性鈉與可溶性鹽類的相對量而定。當多數的可溶性鹽類被淋溶洗出後，因殘留鈉的關係而 pH 值會升至 8.5 以上；但當可溶性鹽類重新聚積接近於表面，pH 可能又恢復而降至 8.5 以下。

2. 鹼性土壤產生的問題

(1) 因為土壤溶液中含有高量的鹽類，植株根系因滲透壓大而發生脫水的現象，抑制作物的吸水作用，造成作物出現缺水及凋萎的徵狀。

(2) 高鹽類造成土粒分散，小顆粒的土粒隨著土壤溶液四散，容易堵住土壤孔隙，造成土壤通氣性降低和不易傳導水分（透水性差），不利作物生長。

(3) 降低土壤生產力。

(4) 降低磷、鉀和大部分微量要素（鉬除外）的有效性。

3. 鹼性土壤的改良對策

對策	說明
打破不透水層（深耕機或怪手），並搭配明溝或暗管的排水方式來改良土壤排水	■ 改良效果最佳與最持久，但是需要大的投資。 ■ 暗管排水比明溝的排水效果較佳。
供應足夠水分灌溉來洗除過量鹽分	■ 排水必須良好，灌溉水品質必須較佳（低鹽分），改善效果才會顯著。

（續下頁）

對策	說明
有機質的施用	■ 可以有效改善土壤物理性，增進透水與透氣性，減低土壤壓實。 ■ 汙泥或動物性有機質肥料不適宜長期與大量施用（因為會加重土壤鹽分含量）。建議選用如作物殘體及綠肥等植物性有機質肥料。
土壤改良劑（如石膏或硫磺）的施用	■ 利用石膏中的鈣置換出土壤膠體上的鈉，利用硫磺降低土壤 pH 值，進一步搭配洗鹽則改良效果會更好。 ■ 也可將石膏和硫酸溶於灌溉水中，施用這些灌溉水來改良土壤。
耐鹽性作物（如蘆筍、裸麥、甜菜等）的栽種	■ 不須花費土壤改良之費用。 ■ 沒有協調而廣泛種植，會造成市場供需的失調。
蔓性覆蓋作物的栽種	■ 降低土壤表面水分的蒸散，阻止土壤中的鹽分上升。

(1) 鹽土的改良：

① 洗鹽：如果鹽土的交換性鈉百分率（ESP）低，則很容易改良以供作物生產。因其目的僅在淋溶洗出過多鹽類，因此引用良質水分灌溉洗鹽成為首要步驟。良質灌溉水的標準，其可溶性鹽類的總量必須低於 700 ppm，且鈉與硼的含量必須極低。

② 排水：通常鹽土皆具有一高的地下水位，或有一密實的石膏層，或為一細質地者，此類情況皆會減低灌溉水向下流動，因此造成淋溶的鹽類無法達到所要求的深度。因此在過多鹽類能被移去前，在鹽漬土具有高地下水者，必須先行人工排水。如果土壤具有不透水層，可利用深鑿或深耕來破壞該層次，而有利於鹽類向下移動。其他有助於排水的方法，例如對於細質地的土壤施用大量有機質肥料，並使之與土壤混合，藉以改良土壤構造；輪植深根作物，增加土壤孔隙也都有效。

③ 栽培耐鹽作物：在鹽土改良初期栽培耐鹽作物，或環境可供栽培水稻，都相當適合。

(2) 鹼土的改良：

① 改良劑的利用：鹼土生產力的恢復，必須將交換性複合物上過量的鈉以較有

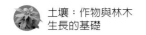
利的鈣離子代換，並將被代換出來的鈉淋溶至根圈以下。鈣為植物必需營養元素之一，也是良好構造土壤的一項必需組成分。替代鈉所必需的鈣通常是以石膏（$CaSO_4 \cdot 2H_2O$）或氯化鈣（$CaCl_2 \cdot 2H_2O$）等形態施入土壤中。其他常用以改良鹼土者包括：酸〔例如硫酸（H_2SO_4）〕或硫化合物｛例如硫（S）、聚硫化鈣（CaS_5）、硫酸鐵（$FeSO_4 \cdot 7H_2O$）、硫酸鋁〔$Al_2(SO_4)_3 \cdot 18H_2O$〕｝等施入土壤中藉以產生酸，此酸可與石灰（$CaCO_3$）作用生成可溶性鈣，按序再替代交換性鈉。

改良鹼土所需的石膏量，是依土壤質地及其礦物組成、惡劣的程度（ESP）及所欲栽培的作物等而定。很多實驗室決定改良鹼土之石膏用量是按照「石膏需要量測定」。該測定的操作為混合少量土壤（5 克）與較大量的飽和石膏溶液，在其作用完畢後，測定自該溶液中損失的鈣量。鹼土中鈉鹽皆甚稀薄，經此處理，交換性鈉接近完全被石膏溶液中的鈣所代換。溶液中減少的鈣，以 30 公分土壤之 $CaSO_4 \cdot 2H_2O$ 噸數為基礎表示時，即係該土壤的石膏需要量（gypsum requirement）。

② 選種耐鹼作物：在改良期間適當選擇作物及作物輪栽程序為改良計畫中一項重要措施。作物對於由過量交換性鈉所造成之不利的土壤物理情況及不正常的營養狀態之忍耐力有甚大差異，因此在開始改良的最初幾年，於輪栽制度中選擇適當的作物在不利的土壤情況下栽培，藉以取得若干經濟利益的回收，才是好的對策。又因為亞表層土壤的 ESP 可改變土壤水分保持作用及根系能增植的深度，因此在作物選擇時亦必須加以考量。

③ 作物管理作業：暫時不論改良劑與作物選擇，在鹼土中想要栽培作物，且想要獲得良好的作物產量，選用某些作物管理作業有其必要性。此類作業常依未受交換性鈉影響土壤與必須評估具有不同農業氣候情況土壤等而不同。需要特別考慮的作業包括：植物族群與密度、播種方法、各種肥料的施用量與性質（包括必需的微量元素），與灌溉的方法及頻率。選擇變更的農業作業必須配合改良劑的施用。

(3) 鹽鹼土的改良：一般而言，改良的方法與已在鹽土及鹼土改良中所敘述者相同，此處需特別提醒的，為在淋溶洗出可溶性鹽類之前，首先必須降低土壤的鈉飽

和百分率,其方法即係利用酸化土壤的改良劑。

重金屬汙染土壤的改良

重金屬在土壤中不易移動及分解,土壤遭受重金屬汙染是不可逆的過程,受重金屬汙染的土壤是不易復原的。

1. 重金屬汙染土壤產生的問題

(1)阻礙微生物活性。

(2)降低養分有效性。

(3)阻礙根系生長,降低養分和水分的吸收。

(4)吸收或累積過多重金屬的作物將危害人畜之健康。

2. 重金屬汙染土壤的改良對策

策略	說明
添加酸劑或鉗合劑於水中來淋洗土層	■ 可移除部分土層(受淋洗)中之重金屬。 ■ 淋洗過程應要避免汙染地下水層(地下水高的地區不適用此方式)。 ■ 經過酸洗的土壤,可能殘留酸液,不利於後續的作物栽培。
添加石灰資材調整土壤 pH 為趨近中性	■ 提高 pH 值降低重金屬的有效性,將其轉變成較難溶性的化合物而沉澱。 ■ 此為最被廣泛使用的方式。
施用有機質,藉由各種官能基鉗合或吸附重金屬	■ 效果很好,但是需要大量有機質,成本高。
將受汙染的土壤移出現地,或將未汙染之土壤覆蓋在汙染土壤之上(客土)	■ 昂貴的處理費用,不建議用於大面積改良。 ■ 客土也是昂貴的方式,不適宜大面積之改良,而且不當之客土(土壤可能有其他問題、與現地土壤質地差異太大等)可能會產生難以改善之問題。
翻動混合汙染土層與未汙染土層之土壤	■ 稀釋效果有限,處理費用高。

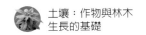
土壤物理性質的改良

1. 排水不良或壓實土壤

受到農機具的輾壓，使得土壤中的粒子相距更近與排列更為緊密，因而形成壓實層（犁底層），或由於黏盤（黏粒聚積）、硬盤（矽酸聚積）的存在而使土壤剖面中出現不透水層，進而導致排水不良。

(1)排水不良或壓實土壤產生的問題：

① 土壤孔隙緊密，根系無法順利伸展，加上土壤通氣性和排水性差，妨礙作物根系的生長與營養生長，並減少產量。

② 土壤壓實不容易耕犁。

③ 土壤中水分不易向下滲漏，容易發生地表逕流及因此造成表土流失。

④ 需要投入大量肥料，直接提高了所需肥料的成本，也間接提高汙染環境的風險。

(2)排水不良或壓實土壤的改良對策：

策略	說明
打破不透水層（深耕或挖土機）	■ 混合上下土層，建議要施用足夠的肥料，才能提升混合土層土壤的肥力。在強酸性土壤應再搭配施用石灰資材。
排除多餘水分（明溝或暗管排水）	■ 暗管排水比明溝排水之效果好。
有機質的添加	■ 藉由質地蓬鬆的有機質來降低土壤的總體密度，以及降低土壤的壓實度，間接可增進土壤肥力及微生物活性。 ■ 添加纖維素較多的有機質，改良效果更佳。
含聚電解質（polyelectrolytes）土壤改良劑的添加	■ 有促進團粒構造與阻抗土壤壓實的雙重功效。 ■ 效果可達數年，成本很高。
具有打破密實土層能力的作物〔如紫花苜蓿（alfalfa）和瓜爾豆（guar）〕的種植	■ 在輪作系統中先選種此類作物來改良密實土層後，再種植目標作物。
蚯蚓的引入或增進其繁殖	■ 藉由蚯蚓之掘穴與鑽動，穿透壓實土層使其出現孔道，增進土壤排水和通氣。 ■ 蚯糞有助於促進土壤團粒構造的形成。

2. 砂粒含量過多土壤

　　國內主要分布在西海岸附近及河床地。

(1) 砂粒含量過多土壤產生的問題：

　　① 砂粒的比表面積小，保水保肥力低。

　　② 土壤中大孔隙占優勢，水分通透性太強，容易流失鹽基，土壤肥力極低。

　　③ 土壤無法提供適量水分，作物容易因為缺水而生長受到阻礙或死亡。

(2) 砂粒含量過多土壤的改良對策：

策略	說明
良好灌溉系統的設立	■ 噴灌（sprinkler irrigation）的方式有最高的水分利用率。 ■ 在灌溉水中溶入肥料，可以減少人力及提高肥料利用率。
在土壤底層埋設不透水物質（如柏油或塑膠布），確保水分不流失與增進其保水力	■ 有效降低水分的流失。 ■ 施工費用高。
混合下層較黏的土壤或利用客土（黏土）方式，來增加砂質土壤的黏粒含量及保水力	■ 施工費用高，也不適用於大面積土壤的改良。
利用添加有機資材來提高砂質土壤的保水力	■ 適宜小面積的改良以及有足夠的有機質來配合改良。 ■ 實施大面積之改良將所費不貲。

3. 黏粒含量過多土壤

　　國內多分布在西南部平原的中間地帶，農民舊稱此類土壤為「看天田」土壤，土壤剖面全層均含高量的黏粒。

(1) 黏粒含量過多土壤產生的問題：

　　① 高黏粒土壤遇雨非常泥濘，土壤較乾時土塊容易發生龜裂，不利於耕作，也不利於作物之生長。

　　② 黏粒的比表面積相當大，吸附力極強，保肥力太強，鹽基不容易釋放到土壤溶液中，因此肥料施用量也需較高。

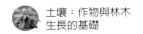

(2) 黏粒含量過多土壤的改良對策：

策略	備註
客砂在黏土層中，稀釋黏粒含量	■ 此為最理想且效果最持久的改善方法，可有效改善黏質土壤的物理性。 ■ 大面積之改良需大量的人力和財力。
深耕並搭配添加含鈣物質（如 $CaCO_3$、CaO 和 $CaSO_4$）	■ 台糖公司曾以此方法改良，甘蔗增產約 41%。
土壤改良劑、有機質肥料或石膏的添加	■ 用於改善土壤物理性。 ■ 不適用於大面積土壤改良。

參考文獻

普通土壤學。張仲民編著。1989（民國 78 年）。國立編譯館主編。

Soil Survey Staff. 1975. Soil taxonomy. A basic system of soil classification for making and interpreting soil surveys. First Edition. Agriculture Handbook 436. Washington, DC, Natural Resources Conservation Service, United States Department of Agriculture.

Soil Survey Staff. 1999. Soil taxonomy. A basic system of soil classification for making and interpreting soil surveys. 2nd Edition. Agriculture. Handbook 436. Washington, DC, Natural Resources Conservation Service, United States Department of Agriculture.

ISSS Working Group WRB. 1998. World Reference Base for Soil Resources: Introduction (J.A. Deckers, F.O. Nachtergaele and O.C. Spaargaren, Eds.). First Edition. International Society of Soil Science (ISSS), International Soil Reference and Information Centre (ISRIC) and Food and Agriculture Organization of the United Nations (FAO). Acco. Leuven.

IUSS (International Union of Soil Sciences) Working Group WRB. 2015. World Reference Base for Soil Resources 2014, update 2015 international soil classification system for naming soils and creating legends for soil maps. World Soil Resources Reports No. 106. FAO, Rome.

國家圖書館出版品預行編目資料

土壤：作物與林木生長的基礎／蔡呈奇，許正
一編著. ──初版.──臺北市：五南圖書
出版股份有限公司，2022.10
面；　公分
ISBN 978-626-343-244-4（平裝）

1.CST: 土壤　2.CST: 土壤汙染防制　3.CST:
土壤保育

434.22　　　　　　　　　　111013103

5N48

土壤：作物與林木生長的基礎

作　　者 ─ 蔡呈奇、許正一

發 行 人 ─ 楊榮川

總 經 理 ─ 楊士清

總 編 輯 ─ 楊秀麗

副總編輯 ─ 李貴年

責任編輯 ─ 何富珊

封面設計 ─ 王麗娟

出 版 者 ─ 五南圖書出版股份有限公司

地　　址：106台北市大安區和平東路二段339號4樓

電　　話：(02)2705-5066　　傳　　真：(02)2706-6100

網　　址：https://www.wunan.com.tw

電子郵件：wunan@wunan.com.tw

劃撥帳號：01068953

戶　　名：五南圖書出版股份有限公司

法律顧問　林勝安律師事務所　林勝安律師

出版日期　2022年10月初版一刷

定　　價　新臺幣500元

經典永恆・名著常在

五十週年的獻禮——經典名著文庫

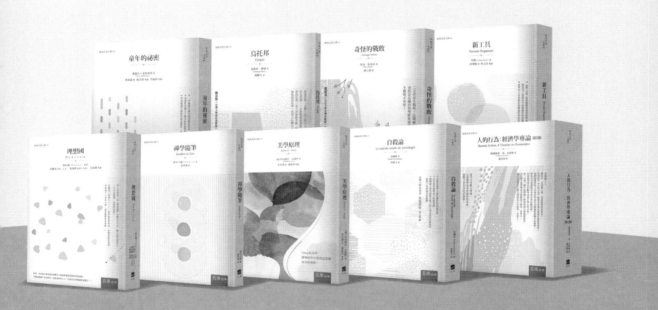

五南，五十年了，半個世紀，人生旅程的一大半，走過來了。
思索著，邁向百年的未來歷程，能為知識界、文化學術界作些什麼？
在速食文化的生態下，有什麼值得讓人雋永品味的？

歷代經典・當今名著，經過時間的洗禮，千錘百鍊，流傳至今，光芒耀人；
不僅使我們能領悟前人的智慧，同時也增深加廣我們思考的深度與視野。
我們決心投入巨資，有計畫的系統梳選，成立「經典名著文庫」，
希望收入古今中外思想性的、充滿睿智與獨見的經典、名著。
這是一項理想性的、永續性的巨大出版工程。
不在意讀者的眾寡，只考慮它的學術價值，力求完整展現先哲思想的軌跡；
為知識界開啟一片智慧之窗，營造一座百花綻放的世界文明公園，
任君遨遊、取菁吸蜜、嘉惠學子！